装配式建筑外墙围护体系研究

张学恒　李泳波　李　玉　主　编

中国建材工业出版社

图书在版编目（CIP）数据

装配式建筑外墙围护体系研究/张学恒，李泳波，李玉主编．--北京：中国建材工业出版社，2023.7

ISBN 978-7-5160-3760-7

Ⅰ.①装…　Ⅱ.①张…　②李…　③李…　Ⅲ.①装配式构件—建筑物—墙—维修—研究　Ⅳ.①TU227

中国国家版本馆CIP数据核字（2023）第105066号

装配式建筑外墙围护体系研究

ZHUANGPEISHI JIANZHU WAIQIANG WEIHU TIXI YANJIU

张学恒　李泳波　李　玉　主　编

出版发行：中国建材工业出版社

地　　址：北京市海淀区三里河路11号

邮　　编：100831

经　　销：全国各地新华书店

印　　刷：北京雁林吉兆印刷有限公司

开　　本：710mm×1000mm　1/16

印　　张：8

字　　数：170千字

版　　次：2023年7月第1版

印　　次：2023年7月第1次

定　　价：69.00元

本社网址：www.jccbs.com，微信公众号：zgjcgycbs

请选用正版图书，采购、销售盗版图书属违法行为

举报信箱：zhangjie@tiantailaw.com　举报电话：（010）57811389

本书如有印装质量问题，由我社市场营销部负责调换，联系电话：（010）57811387

《装配式建筑外墙围护体系研究》

主　编：张学恒　李泳波　李　玉

副主编：单　辉　焉保川　孙庆波
尹春亮　唐海龙　刘　明
苗纪奎　李　喆　李永存
赵晓伟　柳家宁　李广惠
王少华

前　言

当前装配式建筑发展迎来了重大机遇，与此同时装配式建筑在推广应用中还存在诸多问题，如相关技术标准不完善、配套产业链不成体系、围护部品与主体结构适配性差、旧式思维导致市场接受度低等。因此，对建筑外墙围护体系进行研究，对推动装配式建筑发展、促进建筑业转型升级具有重要意义。

本书结构分析篇从外墙围护体系的构造特点、性能分析等方面展开论述。该篇首先归纳总结外墙围护体系的类型及特点，介绍不同类型的墙体保温材料，在对外墙围护体系国内外现状调研的基础上，分析目前外墙围护体系存在的问题；其次对目前应用于装配式建筑的钢丝网片现浇混凝土围护墙保温体系、FS外模板现浇混凝土复合保温体系、隔离式纳塑复合外贴板薄抹灰外保温体系和装配式加气混凝土复合保温外墙板体系的构造组成、性能指标、施工技术要求等进行详细的分析与比对，通过对具体项目外墙围护体系的施工现场调研，提出相应的技术改进措施与合理的施工建议；最后基于现场调研与各体系的技术特征分析，提出剪力墙结构和框架结构外墙围护体系的选用建议。

本书建筑分析篇以预制装配式外墙的立面表现为研究对象，重点研究平衡其标准性与多样性的设计策略。该篇首先以建筑体型和立面设计作为研究的出发点，结合建筑构图原理，探讨预制装配式建筑设计过程中的立面标准性与多样性以及成本与外墙表现力之间的平衡问题，从模块的单体性质及模块间的组合两个层面探讨建筑师在建筑工业化道路上，如何避免预制装配式建筑的形式单调，充分结合艺术审美，发挥出预制装配式外墙特别是混凝土外墙板潜在的巨大表现力；其次以济南市某小学建设项目的方案设计为例，探索预制外墙在公共建筑中的应用前景与现实意义。

因编者水平有限，书中难免存在不足之处，敬请各位专家、读者不吝赐教。

编者

2023年4月

目　录

结构分析篇

建筑分析篇

结构分析篇

1 绪 论

1.1 研究背景及意义

近年来，随着我国城镇化进程持续快速推进，城镇常住人口数量迅速增长，党的十八大报告明确提出新型城镇化的新要求。这表明我国住宅产业仍存在巨大市场，但在我国传统的建造模式下，住宅质量普遍不高、产业化及生产力水平低下，往往伴随着保温隔热性能差、建造过程能源利用率低、施工现场污染严重、建造周期长、建筑运营过程能耗高等问题。而我国建筑产业又恰逢现代化进程中的调整期和变革期，实现建筑行业的现代化和工业化是推动经济社会可持续发展的必然要求。

2013 年发展改革委、住房城乡建设部制定的《绿色建筑行动方案》提出推动建筑工业化、大力发展绿色建材；《绿色建筑评价标准》将钢结构建筑定义为绿色建筑；《中共中央 国务院关于进一步加强城市规划建设管理工作的若干意见》指出力争用 10 年左右时间，使装配式建筑占新建建筑的比例达到 30%。发展新型建造方式，大力推广装配式建筑、钢结构建筑，减少建筑垃圾和扬尘污染；《国家新型城镇化规划（2014—2020 年）》提出强力推进建筑工业化；2017 年住房城乡建设部《建筑节能与绿色建筑发展“十三五”规划》提出到 2020 年，城镇装配式建筑占新建建筑比例超过 15%。

2017 年，山东省人民政府办公厅发布《关于贯彻国办发〔2016〕71 号文件大力发展装配式建筑的实施意见》（鲁政办发〔2017〕28 号），提出政府投资工程应用装配式技术建设，装配式建筑占新建建筑面积比例应达 10%，2020 年济南、青岛装配式建筑占比应达 30%以上，2025 年全省装配式建筑占比应达 40%以上。此外，针对严寒和寒冷地区建筑节能标准相应提高，城镇新建建筑执行节能强制性要求占比 100%，山东省《居住建筑节能设计标准》（DB 37/5026—2022），自 2023 年 5 月 1 日起正式实施。该标准在现行标准的基础上，进一步强化节能措施，能效水平提升 30%，在各省份中率先达到节能率 83%设计要求。

2021 年 10 月，习近平总书记在济南主持召开深入推动黄河流域生态保护和高质量发展座谈会时指出，沿黄河省区要落实好黄河流域生态保护和高质量发展战略部署，坚定不移走生态优先、绿色发展的现代化道路。作为继雄安新区起步区之后的全国第二个起步区，济南新旧动能转换起步区是济南作为黄河流域中心城市引领黄河流域生态保护和高质量发展的战略支点，其建设发展对全国的新旧动能转换、高质量发展具有探路、示范的作用。

2022年5月10日，山东省住房和城乡建设厅等部门联合印发的《关于推动新型建筑工业化全产业链发展的意见》指出："加快发展工业化建造。健全管控机制，城镇新建民用建筑全面推广预制内隔墙板、楼梯板、楼板，政府投资或国有资金投资建筑工程应按规定采用装配式建筑，其他项目装配式建筑占比不低于30%，并逐步提高比例要求。到2025年，全省新开工装配式建筑占城镇新建建筑比例达到40%以上，其中济南、青岛、烟台3市达到50%。"

当前装配式建筑发展迎来了重大机遇，但是在装配式建筑推广应用中还存在很多问题：相关标准规范不完善、配套产业链不成体系、围护部品与主体结构适配性差、旧式思维导致市场接受度低等。其中，配套围护体系中外墙板及墙板系统与主体结构不能较好协同作用是装配式建筑发展的瓶颈。

建筑外墙涉及安全性、功能性和耐久性要求，对抗震、抗风压、水密性、气密性、抗冲击、防火、防水防渗、防腐蚀、隔声、隔热保温、耐老化、耐冻融等性能都有相应的要求；在此基础上装配式外墙体系还需要满足标准化设计、工业化生产和装配化施工的要求，在运输和安装施工过程中要满足简易、高效、合理成本、配套完善等要求。装配式外墙目前主要包括单一材质轻型条板、钢骨架复合板、预制混凝土夹芯保温板等类型，但在实际工程中都存在与主体结构匹配性差、工序复杂、构造技术不合理等技术问题，且施工过程存在大量湿作业或焊接作业，不能完全发挥出装配化施工的优势。因此，对建筑外墙围护体系进行研究，对推动装配式建筑发展、促进建筑业转型升级具有重要意义。

1.2 研究内容和目标

1）归纳总结外墙围护体系的类型及特点，在对外墙围护体系国内外研究现状调研的基础上，分析目前外墙围护体系存在的问题。

2）对目前应用于装配式建筑的外墙围护体系的构造组成、性能指标、施工技术要求进行分析，并通过对起步区项目外墙围护体系的施工现场调研，提出相应的技术改进措施与合理化的施工建议。

3）基于现场调研与各体系的技术特征分析，提出外墙围护体系选用建议。

1.3 研究方法与技术路线

采用文献调研与工程应用效果评价相结合的方法，分析目前常用外墙围护体系存在的问题；采用理论分析与工程实地调研相结合的方法分析目前应用于装配式建筑的外墙围护体系的技术特征，提出技术改进措施及施工建议；基于以上调研分析，提出不同结构体系的外墙围护体系选用建议。

拟采用的技术路线如图1-1所示。

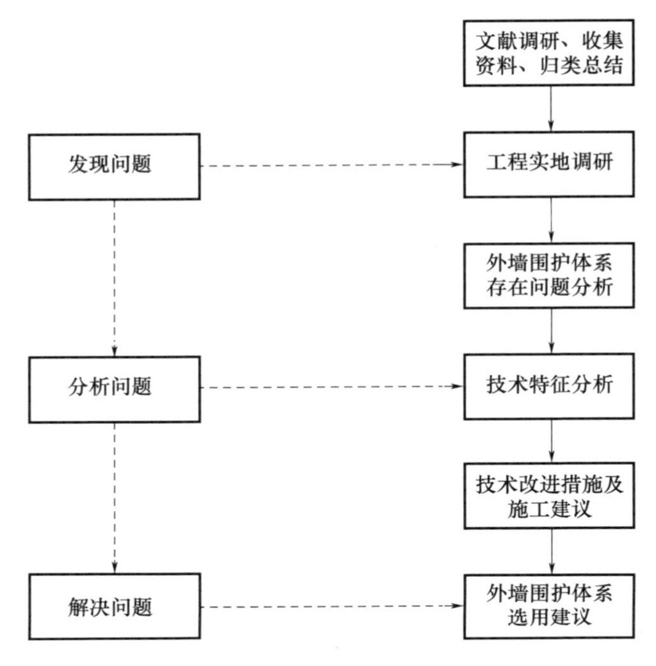
文献调研、收集资料、归类总结
发现问题
工程实地调研
外墙围护体系存在问题分析
分析问题
技术特征分析
技术改进措施及施工建议
解决问题
外墙围护体系选用建议

图 1-1　技术路线

2 外墙围护体系发展现状

2.1 外墙围护体系的类型及特点

2.1.1 外墙外保温系统

1）系统构造组成

外墙外保温技术是一种常用的保温方式，即在外墙结构的外部加做保温层，其基本构造如图 2-1 所示。

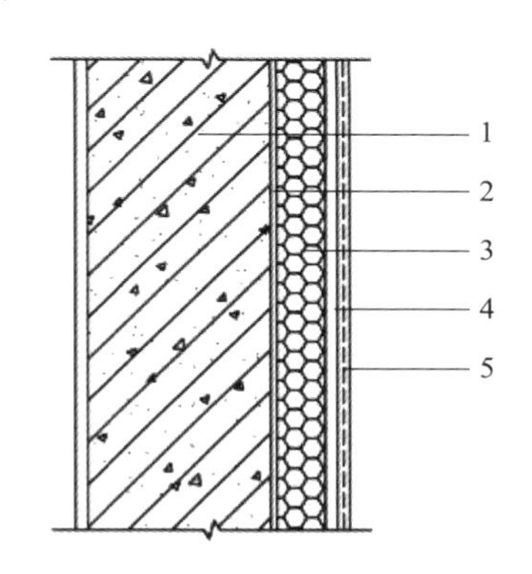

图 2-1 外墙外保温基本构造

1—结构层；2—黏结层；3—保温层；4—找平层；5—抹面层

2）系统特点

（1）适用范围广。外墙外保温适用于采暖和有空调的工业与民用建筑，既可用于新建工程，又可用于旧房改造，便于既有建筑进行节能改造，适用范围较广。

（2）采用外保温系统时，保温系统内侧的墙体能够受到很好的保护，减少了由于外围护墙体变形而导致的保温板裂缝。特别是在严寒地区，由于外保温系统的保护，外保温内侧墙体在冬季的温度变化较为平缓，热应力减小，从而大大减少结构墙体产生裂缝、变形、破损的可能，使墙体寿命得以延长。同时，外保温系统可以有效防止和减少墙体和屋面的温度变形，提高主体结构的耐久性。

（3）避免墙体产生热桥。在严寒的冬季，外保温系统可以有效地减小热桥效应、降低热损失，在采用相同厚度的保温材料时，外保温系统要比内保温系统的热损失减小约 1/5。

（4）墙体潮湿情况得到改善。采用外墙外保温做法，由于蒸汽渗透性高的主体结构材料处于保温层的内侧，在墙体内部一般不会发生冷凝现象。同时，结构层的整个墙身温度较高，降低了其含湿量，进一步改善了墙体的保温性能。

（5）有利于室温保持稳定。外保温墙体由于蓄热能力较大的结构层在墙体内侧，当室内受到不稳定热作用时，室内的空气温度上升或下降时，墙体结构能够吸收或释放热量，故有利于室温保持稳定。

（6）有利于提高墙体的防水和气密性。加气混凝土、混凝土空心砌块等墙体，在砌筑灰缝和面砖粘贴不密实的情况下，其防水和气密性较差，采用外保温构造，则可大大提高墙体的防水和气密性能。

（7）增加室内使用面积。外保温系统能够增加建筑的室内使用面积，通常外保温系统比内保温系统增加使用面积近 2%。

（8）外保温系统能够加快建筑工程的装修施工速度，当采用内保温系统时，房屋内部的装修必须在内保温系统完工后才能进行，但是外保温系统的施工可以与室内装修同时进行，节约施工时间。

2.1.2　外墙内保温系统

1）系统构造组成

外墙内保温技术是一种传统的保温方式，即在外墙结构的内部加做保温层，其基本构造如图 2-2 所示。其本身做法简单、造价较低，目前有以下几种做法：

（1）在外墙内侧粘贴或砌筑块状保温板，如膨胀珍珠岩板、水泥聚苯板、加气混凝土块、EPS 板等，并在表面抹保护层。

（2）在外墙内侧拼装 GRC 聚苯复合板或石膏聚苯复合板，表面刮腻子。

（3）在外墙内侧安装岩棉轻钢龙骨纸面石膏板或其他板材。

（4）在外墙内侧抹保温砂浆。

（5）公共建筑外墙、地下车库顶板现场喷涂超细玻璃棉绝热吸声系统。该系统保温层属于 A 级不燃材料。

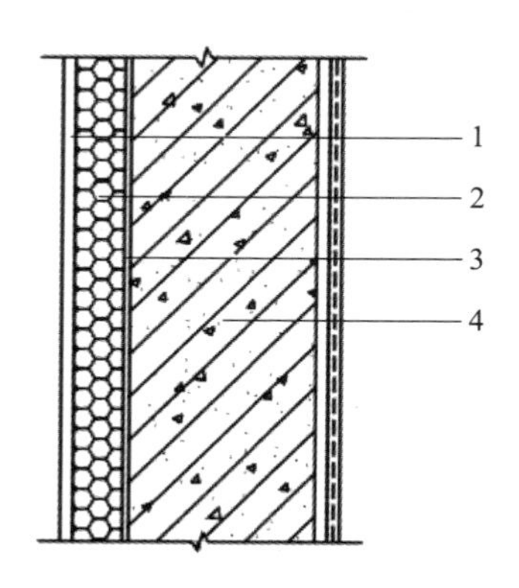

图 2-2　外墙内保温基本构造

1—抹面层；2—保温层；3—黏结层；4—结构层

2）系统特点

（1）系统最大的优点是成熟、安全，具有优异的抗冲击性。

（2）为了保证保温材料在采暖期内不受潮，在保温层与主体结构之间设置一个空气层来解决保温材料受潮的问题。这种结构防潮效果可靠，且其空气层可起到增加一定热阻作用。

（3）大规格成品保温板工厂化生产（可以根据室内保温墙体的高度来定制），极大地改善了目前主要保温系统质量过分依赖施工人员素质（如保温质量、施工速度和墙体平整度高）。

（4）室内作业，不受天气影响，干法作业，连续作业。

（5）结构热桥的存在使局部温差过大，易产生结露现象。由于建筑外墙内保温保护的位置仅在建筑的内墙及梁内侧，内墙及楼板对应的外墙部分得不到保温材料的保护，因而在圈梁、楼板、构造柱等处形成热桥，影响保温效果。

（6）多作业面工作，效率高，缩短工期。

（7）操作面高度小，不需要脚手架。

（8）在采暖建筑中，冬季外墙内外两侧因存在温度差，内保温结构会导致内外墙出现两个温度差而形成内外水蒸气分压力差、外墙面的热胀冷缩现象比内墙面变化大等现象，造成水蒸气逐渐由室内通过外墙向室外扩散。结露水的浸渍或冻融极易造成保温隔热墙面发霉、开裂。

2.1.3　外墙夹芯保温系统

1）系统构造组成

外墙夹芯保温系统是将保温层夹在墙体中间的一种保温做法，需要现场施工或预制复合板材进行安装，其基本构造如图 2-3 所示。

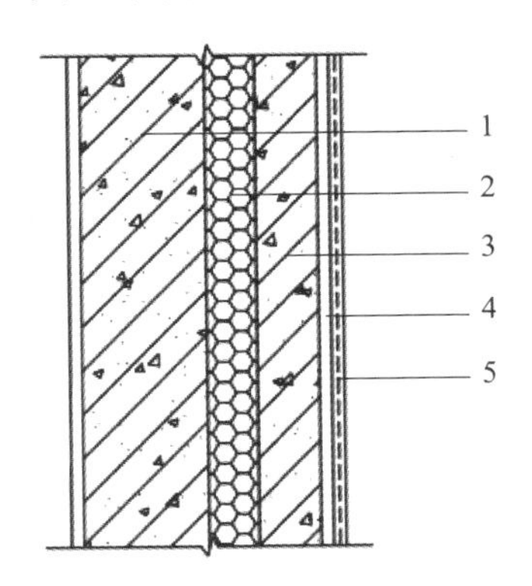

图 2-3　外墙夹芯保温基本构造

1—结构层；2—保温层；3—保护层；4—找平层；5—抹面层

2）系统特点

（1）建筑保温与墙体同寿命。建筑墙体与保温同步设计，同步施工，集建筑保温功能与墙体围护功能于一体并采取可靠的抗裂措施，实现建筑保温与墙体同寿命。

（2）集部品与结构防火于一体。建筑保温与结构一体化技术采用复合保温结构形式，保温材料被界面砂浆或混凝土包覆，建筑施工和使用过程中有效预防了火灾的发生。主要是采用结构防火的理论和技术方法，从根本上解决建筑保温工程的防火问题。

（3）保温工程质量安全可靠。建筑保温与结构一体化技术的产品工厂化生产过程规范，产品质量稳定，施工过程减少了二次保温施工环节，避免了偷工减料现象的发生，保证了保温工程的质量和安全。

（4）促进建筑产业化发展。产品构件由工厂化预制生产，保温与墙体同步施工，缩短了工期，提高了工效，实现节能减排。

2.2 墙体保温材料

2.2.1 概述

从20世纪80年代以来，随着建筑节能与墙材革新工作的不断推进，我国新型墙体材料与建筑保温材料得到快速的发展与应用，高效保温材料越来越多地应用于建筑保温工程，尤其是高效保温材料如岩棉、聚苯乙烯泡沫塑料、硬质聚氨酯泡沫塑料等的生产和应用，促进建筑保温技术发展。

保温隔热材料（又称为绝热材料）是指对热流具有显著阻抗性的材料或材料的复合体。建筑保温隔热材料一方面满足了建筑空间或热工设备的热环境，另一方面也节约了能源。

保温隔热材料是保温材料和隔热材料的统称。保温材料指的是控制室内热量外流的建筑材料，保温性能反映的是冬季热量由室内向室外传热过程的控制能力；隔热材料指的是控制室外热量进入室内的建筑材料，隔热性能反映的是夏季由室外向室内以及室内向室外的传热过程的控制能力。

保温材料的保温功能性能的好坏是由材料本身的导热系数的大小所决定的。导热系数越小，保温性能越好。一般情况下，导热系数λ值小于0.23W/（m·K）的材料称为绝热材料，导热系数λ值小于0.14W/（m·K）的材料称为保温材料，通常导热系数λ值不大于0.05W/（m·K）的材料称为高效保温材料。用于建造节能建筑的各种保温材料统称为建筑保温材料。用于建筑物的保温隔热材料一般要求密度小、导热系数小、吸水率低、尺寸稳定性好、保温性能可靠、施工方便、环境友好、造价合理。保温材料按照成分可分为有机、无机两大类。

2.2.2 有机保温材料

目前，有机保温材料大多是泡沫塑料制品。它以各种树脂为基料，加入催化剂、发泡剂和稳定剂，经加热发泡膨胀而形成。泡沫塑料制品具有质量轻、保温好、隔热强、超吸声等优良的性能，在北方地区有广泛的应用，也是较早被开发应用的保温材料。这种保温材料在施工过程中用作墙体保温，部分可用钢筋龙骨来固定，外面用钢丝网笼罩，然后用抹灰进行最后一步的外层保护。也可使用特定黏结剂牢固黏结在外墙上，再处理后方可达到技术要求。在我国现阶段，最常用的墙体保温系统为聚苯板体系。EPS 与 PU 具有质轻、导热率低的优点，得到广泛应用。但是，有机保温材料的防火性能极差，容易引发火灾，并且燃烧后会释放大量的热量，形成有毒、有害物质的气体烟雾，着火后收缩熔化形成空腔，造成特大危害。

进一步的调查研究发现，有机保温材料与砖墙结合相对困难，施工过程中一旦有所疏忽就会形成空鼓、脱落等问题，这会带来严重的安全隐患。泡沫保温材料的抗老化能力较差，在一般情况下的有效年限为 20 年，且该保温材料使用之后不能自然降解，这必然会造成极大的环境污染。此外，有机保温材料具有极其易燃的弊端，这是作为墙体保温材料最大的缺点。

1. 模塑聚苯板（EPS 板、SEPS 板）

1）产品简介

模塑聚苯乙烯泡沫塑料板又称 EPS 板，如图 2-4（a）所示，由含有挥发性液体发泡剂的可发性聚苯乙烯珠粒，在蒸汽和一定压力下经加热预发、熟化后在模具中加热成型、干燥养护而制成。EPS 板由完全封闭的多面体状蜂窝构成。蜂窝的直径为 0.2～0.5mm。EPS 板由约 98％的空气和 2％的聚苯乙烯组成。由于 EPS 板内部的独特结构，完全被封闭在蜂窝中的空气成为良好的隔热体。EPS 板的隔热性取决于其密度，当其密度为 30～50kg/m^3 时，导热系数较低。将 EPS 板用于外墙外保温系统中时，其表观密度须符合《模塑聚苯板薄抹灰外墙外保温系统材料》（GB/T 29906—2013）的要求，即表观密度在 18～22kg/m^3。

(a) EPS板

(b) SEPS板

图 2-4 模塑聚苯板

石墨模塑聚苯乙烯泡沫塑料板如图 2-4（b）所示，俗称“黑泡沫”“黑板”，简称 SEPS 板，是在普通聚苯乙烯中加入一定比例的石墨作为阻燃剂（遇高温易挥发），通过悬浮聚合的方法制备膨胀 EPS 颗粒，使其在保持优良的保温性能基础上，具有更加良好的阻燃防火性能，广泛应用于建筑内、外墙保温系统。

2）性能特点

（1）模塑聚苯乙烯泡沫塑料板（EPS板）

EPS板质地轻、吸水率低、保温性能好，具有防潮防腐、运输方便、易裁切、安装方便等优点。它具有良好的耐冲击性能、韧性和强度，绝热性能良好，抗腐蚀、防水、质轻易切割。EPS板主要被用于外墙外保温、屋面保温，也可以采用钢丝网架复合做成夹芯板、IPS现浇混凝土保温墙体（夹芯）等。

EPS板对结构外墙可以起到较好的保护作用。由于EPS板具有良好的热绝缘性能，它不但在外界温度骤然变化时降低对结构外墙的传热，而且可以使高寒地区的结构外墙的抗裂性能得到加强。由于受高寒、高热的影响，许多建筑在檐口处、在太阳西晒严重的墙体极易产生裂缝。在外墙上安装EPS板后可以减慢结构墙体的温升速度，温度应力大大减小，因此有效地减小出现温度裂缝的可能性。

聚合物保温砂浆的使用使EPS板在和易性、黏结强度、韧性、抗裂性、耐水性、耐候性等方面有了较大的提高，脆性降低，有效地解决了保温材料在施工中易出现空鼓、开裂等问题。EPS板的施工可以同墙体施工同步进行，可以缩短工期。

（2）石墨模塑聚苯乙烯泡沫塑料板（SEPS板）

石墨聚苯板具备良好的防火性能，燃烧性能可达到难燃型 B_1 级。

石墨聚苯板绝热能力更强，它是经典隔热材料发泡聚苯乙烯通过化学方法进一步精炼的产品，导热系数≤0.033。它的绝热能力比普通EPS高出30%，能提高能效并减少二氧化碳的排放。

同等效果成本更低，石墨聚苯板性价比高，具有突出的绝热能力，尤其在低密度时，可明显表现出来，在同等效果的情况下，会比其他防火型外保温系统更能节省成本。

石墨聚苯板施工简便、系统整体性好，石墨聚苯板外保温系统施工与EPS薄抹灰外墙外保温系统施工方法一致，有较高的系统整体性及耐久性。

石墨聚苯板的性能：表观密度为18～22kg/m^3，导热系数≤0.033；燃烧性能分级达 B_1 级（难燃）；保温性、经济性、耐候性、抗湿度性能强，属于绿色环保型产品，广泛应用于建筑内、外墙保温系统，尤其是有防火要求而需采用 B_1 级聚苯板的外墙外保温工程。

SEPS保温板相比聚氨酯等保温材料具有明显的成本优势，较无机类保温材料具有明显的保温优势。由于SEPS中含有特殊的石墨颗粒，可以反射热辐射，而使防火性能更强，更稳定可靠。石墨聚苯板与普通保温材料相比：导热系数更低、吸水率也低、尺寸稳定性更好，适用于高节能标准的低能耗建筑。其绝热能力比普通EPS高出30%以上。

模塑聚苯板主要性能指标见表2-1，尺寸偏差应满足表2-2要求。

表 2-1 模塑聚苯板（EPS 板、SEPS 板）主要性能指标

项目	单位	性能指标	
		039 级	033 级
导热系数	W/（m·K）	≤0.039	≤0.033
表观密度	kg/m^3	18～22	
垂直于板面方向的抗拉强度	MPa	≥0.10	
尺寸稳定性	%	≤0.30	
弯曲变形	mm	≥20	
水蒸气渗透系数	ng/（Pa·m·s）	≤4.5	
吸水率（体积分数）	%	≤3	
燃烧性能等级	—	不低于 B_2 级	B_1 级

表 2-2 模塑聚苯板（EPS 板、SEPS 板）尺寸允许偏差

项目	尺寸允许偏差（mm）
厚度	+1.5 0
长度	±2
宽度	±1
对角线差	3
板边平直	2
板面平整度	1

注：本表的尺寸（长×宽）允许偏差值以 1200mm×600mm 的模塑聚苯板为准。

2. 挤塑聚苯板（XPS 板）

1）产品简介

挤塑聚苯乙烯泡沫塑料板又称 XPS 板如图 2-5 所示，是以聚苯乙烯树脂或其他共聚物为主要成分，添加少量的添加剂（如发泡剂、阻燃剂等），通过加热挤塑压出成型而制成的具有闭孔结构的硬质泡沫塑料板。

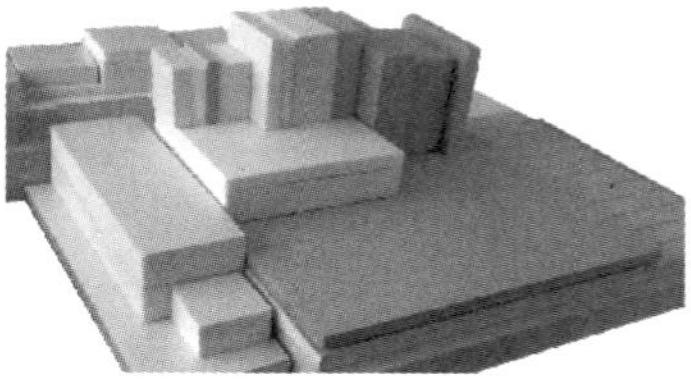

图 2-5 挤塑聚苯板

2）性能特点

XPS 板具有连续均匀的闭孔式蜂窝状结构，其结构的闭孔率达到 99%以上，具有较低的导热系数和吸水率，同时由于其特有的微细闭孔蜂窝状结构，使其具有良好的抗压、抗拉和抗剪强度，以及良好的抗湿、抗冲击、耐候等性能。

XPS 保温材料有极佳的保温能力，导热系数一般低于 0.032W/（m·K）。在同等保温要求时，可以减小保温层的厚度。在民用建筑外墙节能要求越来越高的今天，它是一种适用性更为广泛的系统，尤其是在我国严寒地区和寒冷地区的居住建筑中［根据《严寒和寒冷地区居住建筑节能设计标准》（JGJ 26—2018）］，这两类地区的居住建筑外墙的传热系数已要求不大于 0.25～0.45W/（m・K）。保温层厚度薄，又可使构造简单、施工便捷。

XPS 板有较大的表观密度和较高的压缩强度、抗拉强度与抗剪切强度，系统的密实度以及承受外力作用的能力强。XPS 板的吸水率较小、抗湿性好，在长期潮湿环境中，仍可保持良好的保温隔热性能，即 XPS 板外墙保温系统的耐候性、耐冻融稳定性和耐久性较好。

XPS 板通过粘贴并辅以固定方式固定在基层墙体外侧，故系统与主体结构的整体性好，抗负风压的能力强。

挤塑聚苯板主要性能指标见表 2-3，尺寸允许偏差应符合表 2-4 要求。

表 2-3　挤塑聚苯板主要性能指标

项目	单位	性能指标
导热系数（25℃）	W/（m・K）	不带表皮毛面板≤0.032；带表皮开槽板≤0.030
表观密度	kg/m³	22～35
垂直于板面方向的抗拉强度	MPa	≥0.20
尺寸稳定性	%	≤1.2
弯曲变形*	mm	≥20
水蒸气渗透系数	ng/（Pa・m・s）	3.5～1.5
吸水率（体积分数）	%	≤1.5
氧指数	%	≥26
燃烧性能等级	—	不低于 B_2 级

* 对带表皮的开槽板，弯曲试验的方向应与开槽方向平行。

表 2-4　挤塑聚苯板尺寸允许偏差

项目	尺寸允许偏差（mm）
厚度	+2.0 −0.0
长度	±2
宽度	±1
对角线差	3
板边平直	2
板面平整度	2

注：本表的尺寸（长×宽）允许偏差值以 1200mm×600mm 的挤塑板为准。

3. 聚氨酯泡沫塑料（PU）

1）产品简介

聚氨酯又称为聚氨基甲酸酯，聚氨酯泡沫塑料如图 2-6 所示，是由有机异氰酸酯与含羟基化合物（如聚醚或聚酯多元醇化合物）在催化剂、发泡剂等助剂的作用下发生反应而生成的聚合物。

图 2-6 聚氨酯泡沫塑料

聚氨酯硬泡主要原材料有 A 料（组合聚醚或聚酯及发泡剂等添加剂组成的混合料，俗称白料）和 B 料（主要成分为异氰酸酯，俗称黑料），其性能指标为：

B 组分料：应为聚合 MDI，性能可参考如下指标。

NCO 含量为 30%～32%、黏度（25℃）为 170～700MPa・s。

A 组分料：应无 CFC、符合环保要求，外观透明，均匀不分层。

（1）硬泡聚氨酯板（PU 板）

在工厂专业生产线上生产的硬泡聚氨酯板材（以下简称 PUR 板）。

使用的硬泡聚氨酯板其主要性能指标见表 2-5，尺寸允许偏差应符合表 2-6 要求。

表 2-5 硬泡聚氨酯板主要性能指标

项目		单位	性能指标	
			PIR	PUR
硬泡聚氨酯芯材	导热系数（平均温度 23℃）	W/（m・K）	≤0.024	—
	密度	kg/m^3	≥30	≥30
	尺寸稳定性	%	≤1.0	—
尺寸稳定性		%	≤1.0	
吸水率（体积分数）		%	≤3	
压缩强度（压缩形变 10%）		kPa	≥150	
垂直于板面方向的抗拉强度		MPa	≥0.10，破坏发生在硬泡聚氨酯芯材中	
弯曲变形		mm	≥6.5	

续表

项目	单位	性能指标	
		PIR	PUR
水蒸气渗透系数	ng/（Pa·m·s）	≤6.5	
燃烧性能等级*	—	不低于 B_2 级	
界面层厚度	mm	≤0.8	

*氧指数应取芯材进行试验。

注：PIR 全称 Polyisocyanurate Foam，中文名为“聚异三聚氰酸酯”，是由异氰酸盐经触媒作用后与聚醚发生反应制成发泡材料，物理与防火性比一般聚氨酯更为优异，是一种理想的有机低温隔热材料。PUR 全称 Polyurethane，是一种由异氰酸酯与多元醇反应而制成的具有氨基甲酸酯链段重复结构单元的聚合物，材料性能优异，用途广泛，制品种类多，以 PUR 泡沫塑料的用量最为广泛。

表 2-6 硬泡聚氨酯板尺寸允许偏差 mm

项目		尺寸允许偏差
厚度	≤50	+1.5
	>50	+2.0
长度		±2.0
宽度		±2.0
对角线差		3
板边平直		2
板面平整度		1

注：本表的尺寸（长×宽）允许偏差值以 1200mm×600mm 的硬泡聚氨酯板为准。

（2）喷涂硬泡聚氨酯

喷涂硬泡聚氨酯是指现场使用专用喷涂设备在基层墙体上连续多遍喷涂发泡聚氨酯后，形成无接缝的硬质泡沫体。

硬泡聚氨酯是以组合聚醚和异氰酸酯为主要材料的双组分材料，通过专用进口设备喷涂而成，具有优异的保温性。采用现场喷涂施工，形成一层连续的低吸收性的泡沫体，故防水性能也同样优良。硬泡聚氨酯在整个系统中是至关重要的，不仅在产品的配方上要考虑到导热系数、吸水率等技术指标，更要在施工过程中掌握其发泡的平整度和厚度，所以对施工设备和施工人员有比较高的要求。其主要性能指标应符合表 2-7 要求。

表 2-7 喷涂硬泡聚氨酯板主要性能指标

项目	单位	性能指标
导热系数	W/（m·K）	≤0.024
表观密度	kg/m^3	≥35
黏结强度	MPa	≥0.15

续表

项目	单位	性能指标
尺寸稳定性	%	≤1.0
不透水性	mm	≤5
抗拉强度	MPa	≥0.25
吸水率（体积分数）	%	≤3.0
闭孔率	%	≥95
燃烧性能等级	—	不低于 B_2 级

2）性能特点

（1）保温性能好

聚氨酯导热系数低，硬泡聚氨酯是高度交联、低密度、多孔的绝热结构材料，通常是闭孔的。其导热系数低［0.017～0.024W/（m·K）］，是较理想的保温隔热材料之一。

（2）防水性能优异

硬泡聚氨酯具有封闭的泡孔结构，闭孔率超过 90%，吸水率很低，能有效阻碍水汽的渗透，被视为防水保温一体化产品。按《硬质泡沫塑料吸水率的测定》（GB/T 8810—2005）方法进行测试，96h 的吸水率小于 0.5%。

（3）防火阻燃性能好

硬泡聚氨酯作为热固性保温材料，离火自熄，遇火时不产生熔滴，过火后在硬泡聚氨酯表面形成炭化结焦层，减缓内部进一步燃烧，从而保证结构的完整性，为抢救生命和财产赢得宝贵的时间。聚氨酯没有阴燃现象，因此不会在火灾后期阶段出现火苗爆发的现象，不会成为二次火源。通常聚氨酯材料在使用时，表面会有一层保护性材料，这样防火性能更加优异。

（4）使用温度范围广

硬泡聚氨酯的使用温度范围为－50～150℃，短期使用温度在 250℃时无任何损坏，是使用温度范围最广的保温材料，可应用于严寒和高温地区。

（5）耐化学腐蚀性好

硬泡聚氨酯可耐多种有机溶剂，甚至在一些极性较强的溶剂里，也只发生膨胀现象；在较浓的酸和氧化剂中才发生分解现象。在墙体保温工程采用油性涂料为饰面或与聚合物砂浆直接接触时，都不会因渗透、接触微量弱酸碱而腐蚀聚氨酯硬泡。即便采用溶剂型涂料为饰面层，一般溶剂通过抹面层渗透到硬泡聚氨酯的表面，也不会出现硬泡聚氨酯溶解、溶蚀现象。

（6）使用方便

聚氨酯是一种可直接实现原材料到最终应用的保温材料，通过现场喷涂的施工方式，聚氨酯可为任意形状的建筑结构穿上保温外衣，具有非常大的设计自由度。聚氨酯板材具有良好的可加工性，可随意切割，板材质量轻，节能环保，使用非常方便。

4. 改性酚醛泡沫板（MPF 板）

1）产品简介

酚醛泡沫保温材料又称为酚醛泡沫。酚醛泡沫是以酚醛树脂和阻燃剂、抑烟剂、固化剂、发泡剂及其他助剂等多种物质，经科学配方制成的闭孔型硬质热固性泡沫塑料。

改性酚醛泡沫板（MPF 板）是用改性酚醛树脂、发泡剂、固化剂和其他助剂共同反应所得的热固性硬质酚醛泡沫塑料，且在工厂内六面喷涂专用界面砂浆或喷刷专用界面剂后形成的保温板材，如图 2-7 所示。

图 2-7 改性酚醛泡沫板

2）性能特点

(1) 具有均匀的闭孔结构，导热系数低，绝热性能好；泡沫塑料的传热方式有三种，即气相和聚合物相的热传导、气相中的对流、泡孔壁的热辐射。酚醛泡沫板为微细闭孔结构，导热系数较低，具有优良的隔热性能，导热系数随制品生产工艺和密度的变化而变化。

(2) 防火性能好。在火焰的直接作用下具有结碳、无滴落物、无卷曲、无熔化现象，火焰燃烧后表面形成“石墨泡沫”层，可有效保护内部泡沫结构；酚醛泡沫材料由阻燃树脂和固化剂、不燃填料组成，无须加入任何阻燃添加剂。阻燃等级为难燃 B_1 级。酚醛泡沫塑料是现有的泡沫塑料保温材料中防火性能最好的材料之一。酚醛泡沫具有难燃、不熔融滴落、低烟低毒的特点。

(3) 适用温度范围大，短期内可在－200～200℃下使用，可在 140～160℃下长期使用。

(4) 酚醛分子中只含有碳、氢、氧原子，在高温分解时，除了产生少量 CO 气体，不会再产生其他有毒气体，最大烟密度为 5.0%。25mm 厚酚醛泡沫板在经受 1500℃火焰喷射 10min 后，仅表面略有碳化，不会烧穿，不会着火，更不会散发浓烟和毒气。

(5) 抗腐蚀抗老化。因为采用的固化剂为弱酸性，如苯磺酸、磷酸等，酚醛泡沫除了可能会被强碱腐蚀外，几乎能够耐所有无机酸、有机酸、有机溶剂的侵蚀，长期使用对结构内部不耐腐蚀的材料有腐蚀性。可使用苯酚磺化的酚磺酸为固化剂，以克服酸性腐蚀。改性酚醛泡沫板主要性能应符合表 2-8 要求，尺寸允许偏差应符合表 2-9 要求。

表 2-8 改性酚醛泡沫板主要性能指标

项目	单位	性能指标
导热系数	W/（m·K）	≤0.033
表观密度	kg/m^3	≤55
压缩强度	MPa	≥0.15
垂直于板面方向的抗拉强度	MPa	≥0.10
尺寸稳定性（70℃±2℃，48h）	%	≤1.5
弯曲断裂力	N	≥15
水蒸气渗透系数	ng/（Pa·m·s）	2～8
体积吸水率	%	≤5.0
燃烧性能等级	—	不低于 B_1 级

注：1. MPF 板的陈化时间应不少于 14d；
2. MPF 板出厂前应进行界面处理，界面剂或界面砂浆的 pH 应控制在 6.5～ 7.5 范围内。

表 2-9 改性酚醛泡沫板尺寸允许偏差 mm

项目		尺寸允许偏差
厚度	≤50	+1.5
	>50	+2.0
长度		±3.0
宽度		±2.0
对角线差		≤3.0
板边平直		±2.0
板面平整度		±1.0

注：本表的尺寸（长×宽）允许偏差值以 1200mm×600mm 的 MPF 板为准。

5. 有机保温浆料

1) 产品简介

目前市场上的有机保温浆料主要是胶粉聚苯颗粒保温浆料如图 2-8 所示，胶粉聚苯颗粒保温砂浆是以聚苯颗粒为轻质集料与聚苯颗粒保温胶粉料按照一定比例搅拌均匀混合而成的有机保温砂浆材料，也称为胶粉聚苯颗粒保温浆料。该材料具有热工性能好、工程造价低、耐候性好以及施工简便等优点，是目前夏热冬冷地区最适用的外墙保温技术。胶粉聚苯颗粒保温浆料一般是工厂生产胶粉料和聚苯颗粒分别包装，在施工现场进行混料搅拌，用拌和物进行现场人工抹灰施工。

图 2-8　胶粉聚苯颗粒保温浆料

2）性能特点

（1）保温隔热性能好

胶粉聚苯颗粒保温浆料抹灰外墙外保温系统（抹灰系统）可满足南方地区居住建筑要求节能 50%、实现节能 65%的设计标准，胶粉聚苯颗粒贴砌浆料复合保温板外墙外保温系统（贴砌系统）、粘贴保温板复合胶粉聚苯颗粒外墙外保温系统（粘贴系统）可满足北方地区居住建筑要求节能 65%、实现节能 75%的设计标准。胶粉聚苯颗粒浆料热容量大，在相同热阻条件下内表面温度振幅减小，出现温度最高值的时间延长，具有很好的隔热性能。

（2）黏结力强

胶粉聚苯颗粒保温浆料和胶粉聚苯颗粒贴砌浆料黏结力强，无空腔满黏结后黏结强度达到 0.1MPa，完全满足标准要求。而无空腔满粘贴的设计，避免了风荷载对保温板的不利影响。

（3）防火性能佳

胶粉聚苯颗粒保温浆料燃烧性能等级高于 B_1 级，胶粉聚苯颗粒贴砌浆料六面包裹保温板或胶粉聚苯颗粒贴砌浆料覆盖保温板后可保护保温板免受火源攻击，提高了系统抗火能力，可有效避免施工过程中的火灾及使用过程中的火灾。

（4）耐候性强

采用胶粉聚苯颗粒保温浆料或胶粉聚苯颗粒贴砌浆料与抗裂防护层直接接触，充分发挥胶粉聚苯颗粒浆料的耐候、抗裂方面的优势，提高系统的耐候性能。

（5）防水透气性优良

防护面层之上涂刷一层高分子乳液弹性底层涂料，相当于在防护面层设置了一道防水层，在保持水蒸气渗透系数基本不变的前提下，面层材料的表面吸水系数下降，避免了水渗入建筑物外表面后，对建筑物外表面的损坏；同时提高面层材料的透气性，避免了墙面被完全不透水的材料封闭，从而妨碍墙体排湿，导致水蒸气扩散受阻产生膨胀应力，造成面层材料起鼓、开裂或者造成主体墙内侧潮湿发霉等现象，从而影响保温效果。贴砌做法中板缝设计和开孔设计也同样保证了系统的透气性。其主要性能指标应符合表 2-10 要求。

表 2-10 胶粉聚苯颗粒保温浆料主要性能指标

<table>
<tr><th colspan="3">项目</th><th>单位</th><th colspan="3">性能指标</th></tr>
<tr><td colspan="3">导热系数</td><td>W/（m·K）</td><td colspan="3">≤0.06</td></tr>
<tr><td colspan="3">干表观密度</td><td>kg/m³</td><td colspan="3">180～250</td></tr>
<tr><td colspan="3">抗压强度</td><td>MPa</td><td colspan="3">≥0.20</td></tr>
<tr><td colspan="3">抗拉强度</td><td>MPa</td><td colspan="3">≥0.10</td></tr>
<tr><td colspan="3">线性收缩率</td><td>%</td><td colspan="3">≤0.3</td></tr>
<tr><td colspan="3">软化系数</td><td>—</td><td colspan="3">≥0.50</td></tr>
<tr><td rowspan="6">拉伸黏结强度</td><td rowspan="2">与水泥砂浆</td><td>标准状态</td><td rowspan="6">MPa</td><td rowspan="6">≥0.1</td><td rowspan="2">≥0.12</td><td rowspan="6">破坏部位不得位于黏结界面</td></tr>
<tr><td>浸水处理</td></tr>
<tr><td rowspan="2">与聚苯板</td><td>标准状态</td><td rowspan="2">≥0.10</td></tr>
<tr><td>浸水处理</td></tr>
<tr><td rowspan="2">与带界面剂的岩棉板</td><td>标准状态</td><td>≥0.10</td></tr>
<tr><td>浸水处理</td><td>≥0.08</td></tr>
<tr><td colspan="3">燃烧性能等级</td><td></td><td colspan="3">不应低于 B_1 级</td></tr>
</table>

2.2.3 无机保温材料

相对于有机保温材料，无机保温材料最明显的特点是不可燃。无机保温材料和有机保温材料相比，虽然其密度偏大，保温隔热效果也不如有机保温材料效果明显，但其不燃性是有机保温材料所远远不能达到的。除此之外无机保温材料具有变形系数小、抗老化性能强、机械强度高等优点。与有机保温材料相比，无机保温材料具有较多优点，如耐久性高、施工过程操作简单、使用寿命长、工程成本低、可实施性较强等。

无机保温材料的种类还包括防辐射涂料、隔热涂料等，这些材料虽然具有保温性能，也在实际建筑中得到一些应用，但是没有在保温材料的市场中占据主要地位，可能是因为这类保温材料的成本高、容易老化、使用寿命短。研究表明，为了消除建筑物的火灾隐患，墙体保温材料使用无机类的保温材料，属于 A 级不燃材料，且具有隔声效果，像岩棉板和膨胀珍珠岩保温板。从目前发展情况看，无机墙体保温材料发展前景广阔。

1. 岩棉板

1）产品简介

岩棉是以精选的玄武岩、辉绿岩为主要原料，配以适量的铁矿石等辅助材料，经高温熔融喷吹制成的人造纤维，具有不燃、无毒、质轻、导热系数低、吸声性能好、绝缘、化学稳定性好、使用周期长等特点，是公认的理想保温材料。其主要类型有岩棉管、岩棉毡、岩棉带、岩棉板。

岩棉板（图 2-9）是以玄武岩及其他天然矿石等为主要原料，经高温熔融成纤维（融化后采用国际先进的四辊离心制棉工序，将玄武棉岩高温熔体甩拉成4～7pm的非连续性纤维），再在岩棉纤维中加入适量胶黏剂、防尘油、憎水剂，经过沉降、固化、切割等工艺加工制成的无机保温材料。它适用于工业设备、建筑、船舶的绝热、隔声等。

图 2-9　岩棉板

增强竖丝岩棉复合板是由多条岩棉带（条）经特殊工艺固定成型的纵丝岩棉板。板体沿长度方向上四个面均涂抹无机保温浆料并压入耐碱玻纤网后形成的复合板材。

2）性能特点

由于岩棉具有质轻、导热系数小、弹性好、不燃、不蛀、不腐烂、化学稳定性好等优点，同时具有绝佳的隔声性能和优异的防火性能，岩棉板在外墙外保温系统中得到广泛的应用。其主要特点包括以下方面：

（1）良好的力学性能和稳定性

各种不利的影响包括自重、风压和负风压作用下，系统可以保持良好的稳定性，岩棉系统能承受的风荷载可以完全满足抗风荷载设计值。

（2）防火和耐火性能优异

防火隔离带使用岩棉带，在火灾时，可以有效阻止其他材料在高温时熔化产生熔滴物滴落。在一些设计中，如果使用更厚的岩棉带，如凸出墙面，然后在窗门洞口的周边也使用岩棉带保温材料，可以更有效地提高系统的防火性能。

（3）良好的耐久性和使用性能

岩棉具有较好的稳定性和很好的憎水性能。岩棉外墙外保温系统的大型耐候检测和实际工程案例的研究表明，使用岩棉系统时，长期的外墙热阻值可以维持在均衡的水平，系统的强度能维持较高水平。

（4）卫生与健康

与外保温相关的是水分，水分会导致系统破坏或发生霉菌的滋生。对系统和材料而言，吸水性、冻融性、水汽的渗透性能和对冷凝的控制是其关键，需要考虑的因素是墙体内部的结露（冷凝），室内表面的结露（冷凝）。在考虑外墙的雨水渗透时，岩棉系统面层的砂浆允许裂缝宽度必须不大于0.2mm；在需要考虑溅水的区域，如挑出的阳台楼板、地面以上的勒脚部位，一般而言，在可能溅水的区域（约离地300mm高度），岩棉系统不能与地面直接接触，如果地面或地面以下必须设置保温层，需要使用防水的保温材料，而且表面的砂浆需要具有防水功能。关于系统的吸水，主要是抹面层的表面，抹面层表面的水分主要来自外界的雨水和夜间的表面冷凝水，岩棉的蓄热系数较大，从研究看，在夜间温度降低的时候，相对比较轻质的材料，由于蓄热系数较大，可以将系统表面的温度提高1～2℃，有效降低表面冷凝水的产生，从而避免各种微生物的滋生。

（5）隔声性能好

对薄抹灰外墙外保温系统而言，岩棉对隔声和吸声性能的提高有明显的作用。使用岩棉制品可以通过阻尼作用降低声波的透过，将声波吸收。

岩棉板（带）主要性能指标应符合表2-11要求。

表2-11　岩棉板（带）主要性能指标

项目		单位	性能指标	
			岩棉板	岩棉带
密度		kg/m^3	≥140	≥100
导热系数（平均温度25℃）		W/（m·K）	≤0.040	≤0.048
压缩强度		kPa	≥40	
尺寸稳定性		%	≤1.0	
质量吸湿率		%	≤1.0	
燃烧性能等级		—	A级	
憎水率		%	≥98.0	
垂直于表面的抗拉强度	TR80	kPa	—	≥80
	TR15		≥15	—
	TR10		≥10	—
	TR7.5		≥7.5	—
直角偏离度		mm/m	≤5	
平整度偏差		mm	≤6	
酸度系数		—	≥1.8	

增强竖丝岩棉复合板主要性能指标应符合表 2-12 要求。

表 2-12　增强竖丝岩棉复合板主要性能指标

项目	单位	性能指标
密度（芯材）	kg/m³	≥120
导热系数（芯材）	W/（m·K）	≤0.040
吸水率（芯材）	%	≤10
憎水率（芯材）	%	≥98.0
岩棉丝方向	—	与板体厚度方向平行
燃烧性能等级	—	A 级
防护层厚度	mm	2～4
当量导热系数	W/（m·K）	≤0.045
垂直于板面方向的抗拉强度（不切割）	mm	≤6

2. 玻璃棉板

1）产品简介

玻璃棉是将玻璃熔融后进行纤维化，通过添加胶黏剂固化加工而成的玻璃棉卷毡制品，而玻璃棉纤维直径取决于离心法挤出技术。

将玻璃棉施加热固性胶黏剂制成的具有一定刚度的板状制品，称为玻璃棉板（图 2-10）；玻璃棉板是玻璃棉的深加工产品，它所用的原料是玻璃棉板半成品，经磨光、喷胶、贴纸、加工等工序制成。为了保证有一定的装饰效果，表面基本上有两种处理办法：一是贴上塑料面纸；二是在其表面喷涂。喷涂往往做成浮雕形状，其造型有大花压平、中花压平及小点喷涂等图案。它有多种色彩可选，目前用得较多的是白色。

图 2-10　玻璃棉板

2）性能特点

玻璃棉板是一种理想的吸声降噪及保温隔热材料。它具有施工简单、随意切割等性能特点，且抗菌防霉，耐老化、抗腐蚀、防火性能好、低湿性、耐用性高，适用于建筑外墙保温工程。玻璃棉板主要性能指标应符合表2-13要求。

表2-13 玻璃棉板主要性能指标

项目	单位	性能指标
表观密度	kg/m^3	32～48
导热系数（25℃±5℃）	W/（m·K）	≤0.036
质量吸湿率	%	≤3.0
燃烧性能等级	—	A级
憎水率	%	≥98.0

3. 泡沫玻璃板

1）产品简介

泡沫玻璃是一种以磨细玻璃粉为主要原料，通过添加发泡剂和改性剂，经过高温烧熔发泡和退火冷却加工处理后制得的具有均匀的独立封闭气孔结构的无机材料。由于泡沫玻璃绝热产品具有较好的保温隔热性能、机械性能以及突出的防火性能，其不仅在石油、化工和电力等领域被广泛使用，同时在建筑领域的使用量日益增加。

根据目前国内泡沫玻璃生产工艺、产品质量的现状，结合验证试验结果将泡沫玻璃板（图2-11）按密度分为Ⅰ型和Ⅱ型，对不同型号的产品性能有不同的要求，有利于企业对用于外墙外保温的泡沫玻璃板产品进行质量控制，也可供设计方根据工程实际情况选择不同型号的泡沫玻璃板作为保温层材料。

图2-11 泡沫玻璃板

2）性能特点

（1）良好的防火性能。与传统的建筑保温材料如膨胀聚苯板、挤塑聚苯板等材料相比，泡沫玻璃材料可以达到建筑材料防火等级 A_1 级的技术要求，具有很好的防火性能。

（2）墙体的传热系数低，受温度变化的影响极小，吸水率很低，具有良好的保温隔热性能。

（3）良好的耐久性。泡沫玻璃属于无机材料，其使用寿命与混凝土、混凝土多孔砖、空心小砌块等无机材料的使用寿命相当，可与建筑物使用寿命相同，因此，大大优于聚苯板等有机保温隔热材料10～20年的使用寿命。

（4）良好的隔声性能。由于泡沫玻璃由无数独立的闭孔组成，是良好的隔声材料，因此，泡沫玻璃外墙外保温隔热系统还具有良好的隔声性能。

泡沫玻璃板主要性能指标应符合表2-14要求。

表2-14 泡沫玻璃板主要性能指标

项目		单位	性能指标	
			Ⅰ型	Ⅱ型
密度		kg/m³	≥98，且≤140	≥140，且≤168
导热系数（平均温度25℃）		W/（m·K）	≤0.045	≤0.058
抗压强度		kPa	≥0.5	
抗折强度		kPa	≥0.40	≥0.50
吸水量（部分浸入，24h）		kg/m²	≤0.3	
燃烧性能等级		—	A级	
耐碱性		kg/m²	≤0.5	
透湿系数		ng/（Pa·m·s）	≤0.025	
抗热震性		—	试样经三次试验后，不得有裂纹、脱落、断裂等破损现象	
尺寸稳定性（70℃±2℃，48h）	长度方向	%	≤0.3	
	宽度方向			
	厚度方向			

4.真空绝热板

1）产品简介

真空绝热板是以粉状和纤维状无机材料与吸气剂为芯材，用复合阻气膜做包裹材料，经抽真空、封装等工艺制成的建筑保温用板状材料，是一种绝热性能极好的新型材料，其外观如图2-12所示。真空绝热板主要由三部分组成：芯材、高阻气膜和气体吸附材料。

图 2-12 真空绝热板

2）性能特点

首先构成真空绝热板的高阻气薄膜由铝箔和其他几种高分子薄膜复合而成，而铝箔可以反射 70%～90%的辐射热。其次构成真空绝热板芯料的主要原材料是无机硅类空心微珠。这种空心微珠可以对太阳光进行二次反射，而且该材料本身也是一种良好的保温材料，材料本身的导热系数在 0.03～0.04W/（m·K）。采用抽真空的方法尽量把存留在绝热空间里的气体清除掉，通过最大限度提高内部真空度来隔绝空气对流引起的热传递，从而使其导热系数大大降低，导热系数低至 0.008W/（m·K）。因此，真空绝热板具有以下优点：

（1）保温性能好

真空绝热板有效地降低密实材料内部的导热和普通多孔材料孔隙内的对流换热，导热系数极低，是目前外保温系统保温材料中导热系数最低的，一般不超过 0.008W/（m·K），导热系数是传统保温材料的 1/5～1/3，具有极好的绝热效果。

（2）超薄质轻

自身质量比较轻，使用厚度一般为 7～20mm，极大地减小了面层材料所产生的力矩，提高了系统安全性。

（3）防火阻燃

真空绝热板由多层材料复合而成，芯材一般采用岩棉、硅粉等无机材料，整体防火等级可达到 A_2级，防火性能优异。

（4）耐久质轻

单位面积质量小，施工后不易脱落，安全性高。

（5）施工方便

比传统的保温系统施工工序更简单。

（6）无毒环保

真空绝热板可以达到无毒和环保的使用效果，因为其制作工艺让其不会增加任何有毒成分。

真空绝热板主要性能指标应符合表 2-15 要求。

表 2-15　真空绝热板主要性能指标

项目		单位	性能指标		
			Ⅰ型	Ⅱ型	Ⅲ型
导热系数		W/（m·K）	≤0.005	≤0.008	≤0.012
穿刺强度		N	≥18		
压缩强度		kPa	≥100		
表面吸水量		kg/m²	≤100		
燃烧性能等级		—	A 级		
垂直于板面方向的抗拉强度		kPa	≥80		
穿刺后垂直于板面方向的膨胀率		%	≤10		
尺寸稳定性	长度、宽度	%	≤0.5		
	厚度		≤3		
耐久性（30 次循环）	导热系数	W/（m·K）	≤0.005	≤0.008	≤0.012
	垂直于板面方向的抗拉强度	kPa	≥80		

5. 发泡水泥板

1）产品简介

发泡水泥板是水泥基无机保温板的一种，主要材料是水泥，加入双氧水、硬钙、粉煤灰和水泥发泡剂融合发泡而成，其外观如图 2-13 所示。发泡水泥板是水泥类板材的代表，主要采用普通硅酸盐水泥、玻化微珠、粉煤灰、发泡剂、聚丙烯纤维等材料，经搅拌、发泡、成型、养护制成发泡水泥面材。

图 2-13　发泡水泥板

由于普通混凝土的导热系数 1.51W/（m·K）较大，墙体热损值较大，不能满足建筑节能的要求，因此，普通混凝土板需要进行保温处理。通常的做法是加入轻集料、发泡、加气或做成夹芯复合板来实现保温隔热，达到建筑节能的效果。

2）性能特点

发泡水泥板的基本原理是利用水泥的不燃及混凝土中大量的封闭气孔达到防火、轻质、保温的效果，是用泡沫剂制备的泡沫与水泥，搅拌混合浇筑成型后，经养护而成的一种水泥基轻质多孔无机防火保温板。其燃烧性能等级为A级，是目前应用于防火隔离带的理想产品。

发泡水泥板作为一种新型外墙外保温材料，具有很好的性能优势，最突出的是其防火性，属于A级不燃材料，此外还体现出水泥基材料的耐久性和低成本；其不足之处也较突出，如性脆、吸水率高、抗折强度低等。因此，只能制成小尺寸的板材应用，通常为300mm×300mm。水泥类板材在我国建筑板材行业有举足轻重的地位，不但可以预制，还可以现浇，广泛用于建筑外墙、内隔墙、楼板和屋面板等。发泡水泥板具有以下主要特点：

（1）高耐火性

发泡水泥板属于A级防火材料，具有良好的耐火性，耐火度达到1000℃以上，完全满足防火隔离带的要求，是墙体保温和墙体保温防火隔离带理想的保温材料。

（2）高保温性

由于水泥发泡板闭孔率为95%，高闭孔率减少对流传热，是高隔热的先决条件。防火隔离带专用板导热系数与聚苯板的导热系数基本相当，可满足建筑保温隔热的需求。产品干密度一般在120～130kg/m^3，导热系数在0.042～0.055W/（m·K），保温效果好，抗压强度在0.4MPa，建筑节能可达65%以上。

（3）节能环保

生产、施工及使用中无有害气体排放对环境造成的影响；避免重复保温拆除的废料给环境造成污染；不会造成传统保温材料燃烧给环境及人身安全带来的威胁；无矿物棉类材料飞尘对人体呼吸道及皮肤造成的伤害；建筑物报废拆除后，该材料经过粉碎可再次填充利用，不会对环境造成污染，实现可持续生产。发泡水泥板在高温下不会燃烧且不释放有毒气体，属于安全、环保的建筑材料。发泡水泥板具有绿色环保、无毒无害、无污染、无放射物质等优点，并能利用工业废渣，节能利废。

（4）寿命长

发泡水泥板的使用寿命大于50年，耐久性好，不存在老化问题，与建筑的寿命能保持同步。

（5）耐水性好

由于发泡水泥板专用板属于硅酸盐类材料，所以耐水性非常优越，具有高耐久性。

（6）早强、高强

干密度为170kg/m³的产品，1d强度达0.25MPa，28d强度达0.40MPa，技术性能居同行业领先水平。

（7）黏结力强

发泡水泥板为水泥基材料，与建筑主体墙材相容性、亲和力好，粘接牢固，不易脱落，保温系统具有透气性，抗风压、抗震性好。

（8）施工方便

可粘贴或干挂施工，可用于外墙内保温、外墙外保温，也可用于屋面保温隔热，施工方式灵活多样，适应性强，应用面广。

（9）性价比高，经济适用

生产成本低，施工工艺简单，在所有A级不燃的保温材料中最为经济。

发泡水泥板主要性能指标应符合表2-16要求。

表2-16　发泡水泥板主要性能指标

项目		单位	性能指标
干表观密度		kg/m³	≤250
导热系数		W/（m·K）	≤0.07
抗压强度		MPa	≥0.40
抗折强度		MPa	≥0.10
体积吸水率		%	≤10.0
燃烧性能等级		—	A级
含水率		%	≤5.0
垂直于板面方向的抗拉强度		MPa	≥0.12
干燥收缩值（快速法）		mm/m	≤2.0
软化系数		—	≥0.75
养护龄期		d	≥28
抗冻性（15次）	质量损失	%	≤5.0
	强度损失		≤25

6. 无机保温浆料

1）产品简介

目前市场上无机保温浆料主要有玻化微珠保温浆料和无机轻集料保温浆料。玻化微珠保温浆料是一种无机玻璃质矿物材料，经过膨胀玻化炉生产工艺技术加工而成，呈不规则球状体颗粒，内部多孔空腔结构，表面玻化封闭，光泽平滑，理化性能稳定，具有质轻、绝热、防火、耐高低温、抗老化、吸水率小等优异特性，是一种环保型高性能新型无机轻质隔热材料，如图2-14所示。

图 2-14 玻化微珠保温浆料

2）性能特点

玻化微珠保温浆料具有导热系数较小，质轻、防火、耐高低温、抗老化、吸水率小、性能稳定、环保等特点，可替代粉煤灰漂珠、玻璃微珠、膨胀珍珠岩、聚苯颗粒等诸多传统轻质集料，目前广泛应用于工业、农业、化工、冶金、建材等领域。其主要性能指标应符合表 2-17 要求。

表 2-17 玻化微珠保温浆料主要性能指标

<table>
<tr><th colspan="2" rowspan="2">项目</th><th rowspan="2">单位</th><th colspan="2">性能指标</th></tr>
<tr><th>保温找平浆料</th><th>PUR 保温贴砌浆料</th></tr>
<tr><td colspan="2">干密度</td><td>kg/m³</td><td>≤400</td><td>≤550</td></tr>
<tr><td colspan="2">导热系数（平均温度 25℃）</td><td>W/（m·K）</td><td>≤0.080</td><td>≤0.120</td></tr>
<tr><td colspan="2">抗压强度</td><td>MPa</td><td>≥0.35</td><td>≥0.25</td></tr>
<tr><td colspan="2">线性收缩率</td><td>%</td><td>≤0.30</td><td>0.30</td></tr>
<tr><td colspan="2">抗折强度</td><td>MPa</td><td>—</td><td>≥0.8</td></tr>
<tr><td colspan="2">燃烧性能等级</td><td>—</td><td colspan="2">不低于 A_2 级</td></tr>
<tr><td colspan="2">抗拉强度</td><td>MPa</td><td>≥0.20</td><td>≥0.40</td></tr>
<tr><td rowspan="2">拉伸黏结强度（与带界面砂浆的水泥浆块）</td><td>原强度</td><td rowspan="2">MPa</td><td rowspan="2">≥0.15，且破坏部位应位于保温浆料</td><td rowspan="2">≥0.20，且破坏部位应位于保温浆料</td></tr>
<tr><td>耐水强度</td></tr>
<tr><td rowspan="2">拉伸黏结强度（与带界面砂浆的保温板）</td><td>原强度</td><td rowspan="2">MPa</td><td rowspan="2">≥0.10，且破坏部位应位于保温板（保温板为 XPS 板时≥0.15）</td><td rowspan="2">≥0.10，且破坏部位应位于保温板（保温板为 XPS 板时≥0.20）</td></tr>
<tr><td>耐水强度</td></tr>
<tr><td colspan="2">抗冻性</td><td>—</td><td colspan="2">质量损失率不应大于 5%，
抗压强度损失率应不大于 20%</td></tr>
<tr><td colspan="2">软化系数</td><td>—</td><td colspan="2">≥0.70</td></tr>
</table>

7. 发泡陶瓷保温板

1）产品简介

发泡陶瓷保温板是以陶土尾矿、陶瓷碎片、河道淤泥、掺加料等作为主要原料，采用先进的生产工艺和发泡技术经高温焙烧而成的高气孔率的闭孔陶瓷材料，其外观如图 2-15 所示。发泡陶瓷保温板适用于建筑外墙保温、防火隔离带、建筑自保温冷热桥处理等。该产品防火阻燃，变形系数小，抗老化，性能稳定，生态环保性好，与墙基层和抹面层相容性好，安全稳固性好，可与建筑物同寿命。更重要的是材料防火等级为 A_1 级，克服有机材料怕明火、易老化的致命弱点，填补了建筑无机保温材料的国内空白。

图 2-15　发泡陶瓷保温板

2）性能特点

（1）热传导率低。导热系数为 0.06～0.10W/（m·K），与保温砂浆相当；隔热性能好，可充当外墙外保温系统的隔热保温材料及外墙装饰板可做欧式建筑。

（2）不燃、防火。经 1200℃以上的高温煅烧而成，燃烧性能为 A_1 级，具有电厂耐火砖式的防火性能，是用于有防火要求的外保温系统及防火隔离带的理想材料。

（3）耐老化。陶瓷类的无机保温材料，耐久性好，不老化，完全与建筑物同寿命，是常规的有机保温材料所不可比拟的。

（4）相容性好。与水泥砂浆、混凝土等相容性好，粘接可靠，膨胀系数相近，与高温烧制的传统陶瓷建材一样，热胀冷缩下不开裂、不变形、不收缩，双面粉刷无机界面剂后与水泥砂浆拉伸粘接强度即可达到 5MPa 以上。

（5）吸水率低。吸水率极低，与水泥砂浆、饰面砖等能很好粘接，外贴饰面砖安全可靠，不受建筑物高度等限制。

（6）耐候。在阳光暴晒、冷热剧变、风雨交加等恶劣气候条件下不变形、不老化、不开裂，性能稳定。

发泡陶瓷保温板主要性能指标应符合表 2-18 要求。

表 2-18　发泡陶瓷保温板主要性能指标

项目	单位	性能指标
干表观密度	kg/m^3	≤280
导热系数	W/（m·K）	0.08～0.10
抗拉强度	MPa	≥0.25
蓄热系数	W/（m·K）	≥1.40
吸水率	%	≤8
燃烧性能等级	—	A 级
定压比热	J/（kg·K）	1050

8. 膨胀珍珠岩保温板

1）产品简介

膨胀珍珠岩保温板是集保温、隔热和防水功能于一体的新型外墙保温板材，其外观如图 2-16 所示。膨胀珍珠岩保温板的原材料是膨胀珍珠岩。珍珠岩是一种火山喷发的酸性熔岩，经急剧冷却而成的玻璃质岩石，因其具有珍珠裂隙结构而得名。珍珠岩矿包括膨胀珍珠岩、黑曜岩和松脂岩。

图 2-16　膨胀珍珠岩保温板

2）性能特点

（1）寿命长

我国目前的建筑设计寿命一般为 50～100 年，膨胀珍珠岩保温板的寿命长于 50 年，与建筑同寿命。

（2）防火隔热性

膨胀珍珠岩保温板是A级不燃无机保温材料，有良好的防火性能，1200℃高温烘烤3h，仍保持完整性，在建筑物上使用，可提高建筑物的防火性能。其闭孔率>95%，因而具有很好的隔热性能。

（3）轻质耐震性

产品密度大约为250kg/m³。膨胀珍珠岩保温板通过国家测试中心150万次的抗疲劳振动试验，该保温板与钢结构焊接为一个整体，可抵抗9级地震。

（4）隔声性

膨胀珍珠岩保温板由多孔的无数独立的气泡形成，所以吸声效果比一般的混凝土高5倍左右，隔声系数大于45dB。

（5）施工方便，工效高

施工方便、工期短、施工中无须砂、水泥等材料，材料堆放简洁、高效、体积小，占用场地设备等资源少、无建筑垃圾，施工完成后无须抹灰。节约人工成本。

（6）抗压强度、黏结力强

膨胀珍珠岩保温板中使用了特种纤维，增强了发泡水泥板的抗压强度，经国家专业检测机构检验，抗弯破坏荷载为可承重自重3倍以上（国家标准为1.5倍），抗压强度为5/MPa以上（国家标准为3.5/MPa），吊挂力为1500N以上（国家标准为1000N）。

（7）无毒无害、环保节能

膨胀珍珠岩保温板是以水泥和粉煤灰等为主要生产原材料，高温下不会燃烧且没有有毒气体释放，属于安全性环保材料，且作为利废产品得到国家产业政策的支持。

膨胀珍珠岩保温板主要性能指标应符合表2-19要求。

表2-19　膨胀珍珠岩保温板主要性能指标

项目	单位	性能指标
密度	kg/m³	70～250
导热系数	W/（m·K）	0.047～0.070
抗压强度	MPa	≥0.4
抗折强度	MPa	≥0.2
吸水率	%	300
燃烧性能等级	—	A级
吸湿性	%	≤1%
体积变形（干燥收缩）	mm/m	收缩率小

9. 硅酸铝棉

1）产品简介

硅酸盐保温材料是一种固体基质黏结的封闭微孔网状结构材料，由含硅酸盐的非金属矿质——海泡石为基料，按比例复合加入一定数量的辅助原料和填充料，再加入定量的化学添加剂，采用特殊的工艺加工制作而成。硅酸盐保温材料密度较大，导热系数中等，尽管硅酸盐制品耐高温性较强，无毒无污染，但在应用中频繁出现过保温材料脱落的情况。

硅酸铝棉是指由喷吹或甩丝法生成的纤维，经集棉器或沉降装置集结成的散装纤维，又称原棉纤维。其外观如图 2-17 所示。

图 2-17 硅酸铝棉

2）性能特点

（1）低导热率、低热容量。

（2）优良的热稳定性、化学稳定性及吸声性。

（3）无腐蚀性物质。

硅酸铝棉主要性能指标应符合表 2-20 要求。

表 2-20 硅酸铝棉主要性能指标

项目		单位	性能指标
密度	湿密度	kg/m^3	≤900
	干密度		≤250
导热系数		W/（m·K）	0.067～0.088
燃烧性能等级		—	A 级
吸湿性		%	≤2%
体积变形（干燥收缩）		mm/m	厚度收缩率 20%～30%

2.3 外墙围护体系的研究现状

2.3.1 国外研究综述

目前，在欧美国家广泛应用的外墙外保温系统主要为薄抹灰外墙外保温系统。其中，EPS 板薄抹灰外墙外保温系统是起源最早、最为成熟的外墙外保温系统。

外墙外保温技术起源于 20 世纪 40 年代的欧洲，1950 年，德国发明了膨胀聚苯板（EPS 板），1957 年 EPS 板应用于外墙外保温，1958 年研发成功具有真正工程意义的 EPS 板薄抹灰外墙外保温系统，并广泛应用于欧洲。外墙外保温技术最初用于修补第二次世界大战中受到破坏的建筑物外墙裂缝，在多年的应用历史中，该系统经历了时间的考验。在欧美国家，它已经成为市场占有率最高的一种外墙外保温技术，外保温不但解决了保温问题，又减薄了对力学要求来说过于富足的墙体厚度，减小了土建成本；而这种复合的墙体结构在满足力学要求、保护了主体结构的同时还在隔声、防火防潮等方面都具有最佳性能。外墙外保温技术真正得到快速发展是在 1973 年世界能源危机以后。因为能源短缺，同时在欧美各国政府的大力推动下，外墙外保温技术的市场容量以每年 15%的速度迅速增长。

欧美在几十年的应用历史中，对外墙外保温技术进行了大量的试验研究，如薄抹灰外墙外保温系统的耐久性、防火安全性、含湿量变化问题、在寒冷地区应用的结露问题、不同类型的系统在不同冲击荷载下的反应、实验室的性能测试结果与工程应用中实际性能的相关性等。同时，欧美国家对外墙外保温技术开展了立法工作，包括建立外墙外保温系统的强制认证标准，以及对系统中相关组成材料的技术标准等。由于欧美国家有健全的标准和严格的立法，可以保证外墙外保温系统有 25 年的耐久性和使用年限。事实上，这种系统在上述地区的实际应用历史已远远超过 25 年，最早的工程已经超过 50 年，2000 年欧洲技术许可审批组织 EOTA 发布了《带抹灰层的墙体外保温复合体系技术许可》（ETAG 004）的标准，这个标准在欧洲外墙外保温系统应用比例达 82%，岩棉薄抹灰外墙外保温系统应用比例达 15%。外墙外保温技术已有 70 年的发展历史，但后 50 年的研究、应用与发展更为快速，外墙外保温技术也不断走向成熟和完善，目前已形成健全的、系统的规范标准体系。

2.3.2 国内研究综述

我国的外墙保温技术大致分为外墙外保温技术、外墙内保温技术和外墙保温与结构一体化技术。目前最为常用的技术是外墙外保温技术和外墙保温与结构一体化技术，外墙内保温技术在北方寒冷地区很少使用。

外墙外保温技术试点最早、应用最为广泛，因其取得了较好的保温效果，在国内外墙保温工程中得到迅速发展，对推动建筑节能工作发挥了积极作用。外墙保温与结构一体化技术是近几年新提出的概念，该技术集建筑保温功能与墙体围护功能于一体，墙体不需要另行采取保温措施即可满足现行建筑节能标准要求，实现保温与墙体同寿命的目的，该技术近年来得到大量的推广和应用。外墙内保温技术应用较早，其构造简单、造价低廉、施工速度快，但由于其保温形式无法解决结构性热桥，极大地影响了保温效果，随着建筑节能标准不断提高，该做法在北方寒冷地区已逐步退出市场。

1）外墙外保温技术发展现状

我国是在20世纪80年代中期开始进行外保温试点工程，出台了《民用建筑节能设计标准（采暖居住建筑部分）》（JGJ 26—1986）（通称为节能30%的标准），由于节能率较低，当时仅以墙体增加厚度来达到标准要求。中国建筑科学研究院等单位在国内率先进行墙体保温试点工程，取得了较好的效果。1993年，《民用建筑热工设计规范》（GB 50176—1993）颁布并实施，为我国建筑节能的理论和技术奠定了良好的基础。到了1995年，国家在《民用建筑节能设计标准（采暖居住建筑部分）》（JGJ 26—1986）基础上提高了节能率（提高到50%），我国的外墙外保温技术才得以快速发展，首先应用于工程的也是EPS板薄抹灰外墙外保温系统。1996年召开了全国节能第一次工作会议，提出推广外墙外保温是今后工作的重点。随着建筑节能标准的提高，外墙外保温技术的优势体现得更为明显。国家和地区相关部门都加大了外墙外保温的推进力度，许多科研单位和企业也开发了各种外墙外保温技术。2000年，建设部发布《民用建筑节能管理规定》（中华人民共和国建设部令76号），对设计、施工、竣工验收等环节执行建筑节能标准做出了明确规定，促使外墙外保温工程得到了迅猛发展。2004年，开始编制实施节能65%的建筑设计标准，更是将外墙外保温推向国计民生的前沿。

三十多年来，随着我国建筑节能工作的不断推进，在学习和引进国外先进技术的基础上，我国加强了外墙外保温技术的研究开发工作，涌现了多种采用不同材料、不同做法的外墙外保温技术，对推动建筑节能工作发挥了积极作用。回顾外墙外保温技术的发展历史，我们可以清楚地看到：每当我国建筑节能上了一个新台阶，外墙外保温技术也相应地有质的飞跃。毫不夸张地说，我国建筑节能的发展和外墙外保温的发展是密不可分的。当前，人们对建筑环境和建筑节能有超乎以往的关注，我国的建筑节能工作即将更上一层楼，外墙外保温技术也必将顺应时代的潮流而发展。不断改良已有的保温材料，涌现出高性能的新型材料，拥有更好的节能效果和安全性能，实现产品性能与绿色环保的有机结合，并出现新的外保温结构体系，将是建筑外墙外保温未来发展的总体趋势。

2）建筑墙体保温与结构一体化技术发展现状

建筑墙体保温与结构一体化技术是集建筑保温功能与墙体围护功能于一体，墙体不需要另行采取保温措施即可满足现行建筑节能标准要求，实现保温与墙体同寿命的建筑节能技术。

建筑墙体保温与结构一体化这一概念是在2009年5月住房城乡建设部召开的首届新型建筑结构体系——节能与结构一体化技术研讨会上提出的。《外墙外保温工程技术标准》（JGJ 144—2019）规定：在正确使用和正常围护的条件下，外墙外保温工程的使用年限不应少于25年。这说明外墙外保温技术虽好，却不能与建筑物同寿命，以及25年以后的系统维修、更换费用如何解决等一系列问题摆在我们面前。这些问题的存在制约了外墙外保温技术和建筑节能工作的深入健康发展。因此，除了进一步研究完善外墙外保温系统，有必要大力研发具有保温防火性能好且与建筑墙体同寿命等特点的建筑墙体保温与结构一体化新技术。

在过去的几年里，全国各地陆续开展了部分建筑墙体保温与结构一体化技术的研究应用工作，出现了一批新型建筑墙体保温与结构一体化技术产品。其中，山东省在开展建筑墙体保温与结构一体化技术全面系统的集成研究工作方面走在了全国的前列，目前已在山东全省建立了30余个生产示范基地，建成超过300万m^2的示范工程，编制发布了8项节能与结构一体化技术规程和导则、12项标准图集，研究出台了相应的推广应用文件和政策措施，特别是2012年11月29日通过的《山东省民用建筑节能条例》第十三条对建筑墙体保温与结构一体化技术提出了明确要求："鼓励开发应用建筑墙体保温与结构一体化技术，逐步提高其在建筑中的应用比例。在省人民政府规定的期限和区域内，全面推广应用建筑墙体保温与结构一体化技术"。同时将"合理采用建筑墙体保温与结构一体化技术"列为《山东省绿色建筑评价标准》中的一项重要评审内容。上述两项规定在全国尚属首例，为建筑墙体保温与结构一体化技术在全国的推广应用起到引领作用，也为全国建筑节能事业的发展做出积极的贡献。

2.4 外墙围护体系的问题分析

外墙外保温将保温隔热材料置于建筑主体结构外侧，能够有效防止和减少基墙由温度应力引起的形变，提高主体结构的耐久性，并可有效阻断热桥提高建筑物保温隔热效果。因此，外墙外保温作为一项重要的建筑节能技术在北方寒冷地区得到广泛应用。据资料统计，我国新建建筑中90%以上采用外墙外保温技术，其中以聚苯板薄抹灰外墙外保温系统的应用最为广泛。在外墙外保温推广过程中，该项技术存在的问题逐渐暴露出来，主要表现在以下四个方面：

1）耐久性问题

外墙外保温通常做法是在墙体基层外粘贴聚苯乙烯泡沫、聚氨酯等有机高效保温材料，有机材料抗紫外线和耐冻融性差，变形系数大，安全稳定性差，与建筑物使用寿命不同步。我国《外墙外保温工程技术规程》（JGJ 144—2004）规定的外墙外保温系统的设计使用年限为25年，如果按此计算，现有采用外墙外保温技术的建筑60%以上将在2025年进行外墙保温工程维护维修或二次更换。

2）防火安全问题

外墙外保温采用的保温材料虽经处理后可达到B_1级防火要求，但仍为可燃有机材料。近年来，南京中环国际广场、哈尔滨经纬360度双子星大厦、济南奥体中心、北京央视新址附属文化中心、上海胶州教师公寓、沈阳皇朝万鑫大厦等相继发生建筑外保温材料引起的火灾，造成严重的人员伤亡和财产损失，建筑外墙保温材料已成为一类新的火灾隐患（图 2-18、图 2-19）。

图 2-18 济南某小区外墙外保温火灾

图 2-19 石家庄某大厦外墙外保温火灾

3）开裂脱落问题

外墙饰面层开裂渗漏是工程质量通病，而在其外侧增设保温层后，有机保温材料与基层墙体、饰面层的弹性模量相差较大，外墙外保温工程饰面层的抗裂防渗问题难以保障。尤其是近年来随着外墙外保温技术的迅速发展，保温及配套材料生产企业的数量急剧增多，技术水平良莠不齐，产品质量不过关，再加上施工不规范、监管不到位等原因，有一些外墙外保温工程已出现空鼓、开裂、脱落、渗漏等质量问题（图 2-20、图 2-21）。

图 2-20 济南某小区外墙开裂

图 2-21　济南某小区外墙保温板脱落

4）现场湿作业问题

外墙外保温系统由多层构造组成，现场施工工序多，施工工艺复杂，且多为湿作业。外墙砌体工程通常为满足抗震构造要求，需要增设构造柱和圈梁，不仅施工速度慢，且为现场湿作业。外墙外保温施工工序中，对墙体基层找平（采用水泥砂浆），保温板与基层的黏结（采用黏结砂浆），保温板外侧的抹面（采用抗裂砂浆），这些施工工序均为湿作业，劳动强度大，不符合国家大力发展装配式建筑的产业化政策（图 2-22、图 2-23）。

图 2-22　外墙砌筑施工

图 2-23　外墙外保温施工

5）施工安全问题

外墙外保温系统在吊篮中施工，高空施工吊篮安全隐患多，特别是在夏季强对流天气，突然刮起的大风吹得吊篮来回晃动，安全隐患大。近年来，外保温施工吊篮倾斜、撞击墙体、钢丝绳断裂、工人坠亡事故屡有报道（图 2-24、图 2-25）

图 2-24　外保温施工吊篮倾斜事故

图 2-25　外保温施工吊篮一侧钢丝绳断裂

3 钢丝网片现浇混凝土围护墙保温体系分析

3.1 体系简介

3.1.1 体系构造组成

钢丝网片现浇混凝土围护墙保温体系是以内置钢丝网片组合保温板为保温层，金属限位连接杆为拉结件，保温板内外侧同时浇筑混凝土后形成的集保温与结构为一体的无空腔墙体自保温系统，简称钢丝网片保温板系统。该墙体按结构受力方式不同分为单面钢丝网片剪力墙和双面钢丝网片填充墙，该体系基本构造如图 3-1 所示。

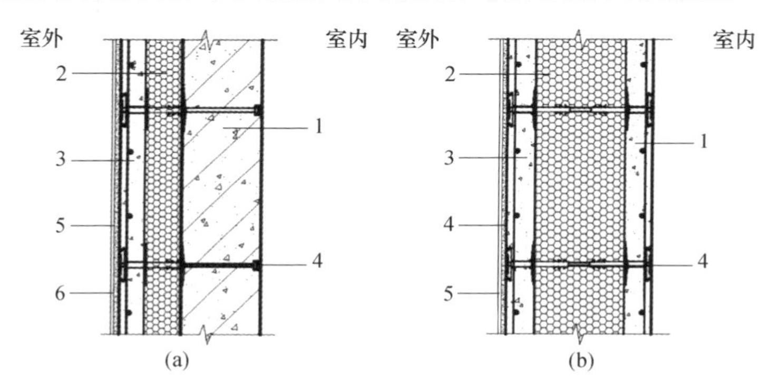

图 3-1 钢丝网片现浇混凝土围护墙保温体系基本构造

(a) 单面钢丝网片剪力墙；(b) 双面钢丝网片填充墙

1—内侧剪力墙或内侧自密实混凝土保护层；2—保温层；3—保护层；

4—金属限位连接杆；5—找平抹面层；6—饰面层

钢丝网片组合保温板由钢丝网片、保温板和限位固定件组成。钢丝网片采用直径 3mm 的镀锌钢丝，保温板可采用挤塑聚苯板、石墨挤塑聚苯板、模塑聚苯板、石墨模塑聚苯板等。钢丝网片组合保温板按构造形式的不同，分为单面钢丝网片组合保温板（图 3-2）和双面钢丝网片组合保温板（图 3-3）。

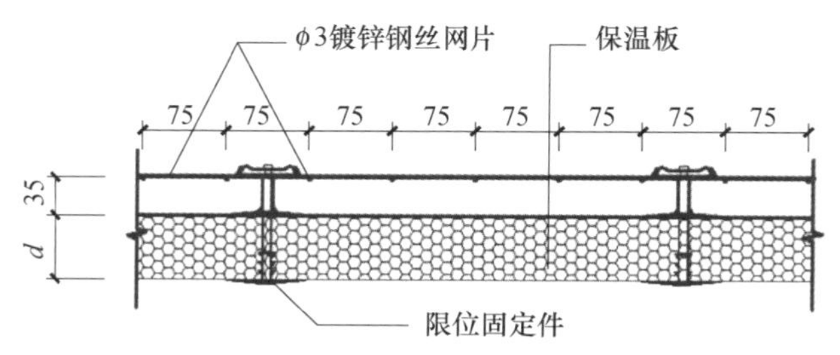

图 3-2 单面钢丝网片组合保温板

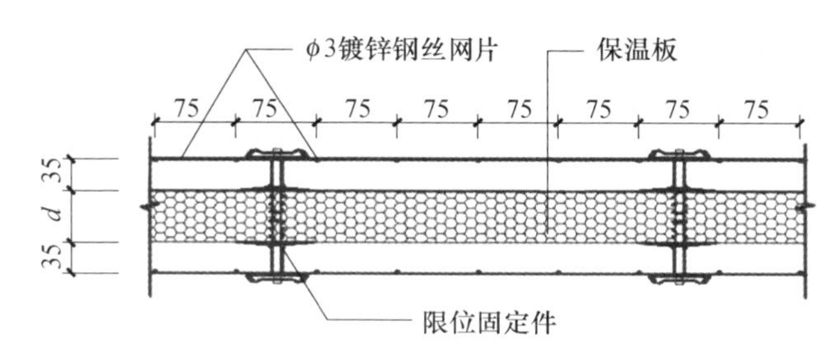

图 3-3 双面钢丝网片组合保温板

3.1.2 体系的特点

（1）解决了传统外墙外保温防火问题。钢丝网片现浇混凝土围护墙各构造层间为无空腔构造，钢丝网片板两侧使用自密实混凝土防护层。防护层为无机材料，厚度均不小于 50mm，解决了传统外墙外保温系统防火安全性差、火灾隐患大的问题。

（2）解决了传统外墙外保温脱落问题。主体结构和保温层通过可靠连接件进行连接，保温层两侧自密实混凝土一次浇筑成型，增强了钢丝网片板与基层墙体的连接。

（3）采用组合铝合金模板时，按照《装配式建筑评价标准》（DB37/T 5127—2018），该体系装配率评价得 5 分。

3.1.3 体系的适用范围

此体系适用于抗震设防烈度 8 度及 8 度以下地区新建、改建和扩建的民用与工业建筑的现浇混凝土保温工程。

3.2 体系的性能指标

3.2.1 系统性能指标

该外墙系统应满足耐久性要求，具体包括耐候性、抗冲击性、耐冻融性能，其系统性能指标应符合表 3-1 规定。

表 3-1 系统性能指标

项目	性能指标
耐候性	经耐候性试验后，不得出现开裂、空鼓或脱落等破坏，不得产生渗水裂缝；系统拉伸黏结强度不应小于 0.10MPa；对饰面砖系统，饰面砖与抹面层的拉伸黏结强度不应小于 0.4MPa
抗冲击性	≥10J 级
耐冻融性能（D30）	无空鼓、脱落，无渗水裂缝；系统拉伸黏结强度不小于 0.10MPa

3.2.2 主要组成材料性能指标

1）用于钢丝网片保温板的保温芯材主要包括模塑聚苯乙烯（EPS）板、石墨模塑聚苯乙烯（SEPS）板、挤塑聚苯乙烯（XPS）板、石墨挤塑聚苯乙烯（XSPS）板和硬泡聚氨酯（PU）板等有机保温材料。其保温芯材性能指标应符合表 3-2 规定。

表 3-2 保温芯材性能指标

项目	单位	性能指标				
		EPS 板	SEPS 板	XPS 板	SXPS 板	PU 板
表观密度	kg/m^3	18～22	18～22	25～35	30～38	≥35
导热系数	W/（m·K）	≤0.039	≤0.033	≤0.030	≤0.026	≤0.024
压缩强度	MPa	≥0.10	≥0.10	≥0.20	≥0.20	≥0.15
尺寸稳定性	%	≤0.3	≤0.3	≤1.2	≤1.2	≤1.2
燃烧性能	—	不低于 B_2 级	B_1 级	不低于 B_2 级	B_1 级	不低于 B_2 级

2）钢丝网片性能指标应符合表 3-3 规定。

表 3-3 钢丝网片性能指标

项目		单位	性能指标
镀锌钢丝	直径	mm	3.0±0.05
	抗拉强度	N/mm^2	≥550
	弯曲试验，次/180°	次	≥6
钢丝网片	焊点抗拉力	N	≥520
钢丝网镀锌层质量		g/m^2	≥20

3）混凝土强度等级不应低于 C25，内、外侧混凝土粗集料最大公称粒径不宜大于 25mm，坍落度宜控制在 180～220mm，应具有高流动性、均匀性和稳定性，满足钢丝网片保温板系统的结构和施工要求，且应符合现行《混凝土结构设计规范》（GB 50010）、《混凝土结构工程施工质量验收规范》（GB 50204）的相关规定。

4）保温砂浆性能指标应符合表 3-4 规定。

表 3-4 保温砂浆性能指标

项目	单位	性能指标
干表观密度	kg/m^3	250～400
导热系数	W/（m·K）	≤0.085
线性收缩率	%	≤0.30
抗压强度	MPa	≥0.30
拉伸黏结强度	MPa	≥0.10
软化系数	—	≥0.50
燃烧性能等级	—	A 级

5）玻纤网性能指标应符合表3-5规定。

表3-5 玻纤网性能指标

项目	单位	性能指标
单位面积质量	g/m^2	≥160
耐碱拉伸断裂强力（经、纬向）	N/50mm	≥1000
耐碱拉伸断裂强力保留率（经、纬向）	%	≥50
断裂伸长率（经、纬向）	%	≤5.0

6）抹面胶浆性能指标应符合表3-6规定。

表3-6 抹面胶浆性能指标

项目		单位	性能指标
拉伸黏结强度（与找平砂浆）	标准状态	MPa	≥0.10
	浸水状态	MPa	≥0.10
拉伸黏结强度（与水泥砂浆）	标准状态	MPa	≥0.70
	浸水状态	MPa	≥0.50
	冻融循环处理	MPa	≥0.50
可操作时间		h	1.50～4.0
压折比		—	≤3.0

3.3 施工技术要求

3.3.1 施工准备

1）钢丝网片保温板的安装应在主体墙钢筋验收合格后进行。

2）施工前应对施工人员进行钢丝网片现浇混凝土围护墙保温体系专项施工技术交底。

3）施工前施工人员应准备单面钢丝网片组合保温板、双面钢丝网片保温板、附加钢丝网片、连接件等材料。

4）施工前施工人员应准备断丝剪、钢尺、钢锯等常用工具。

5）场地面积应根据钢丝网片保温板的数量、施工进度及现场实际情况确定。

3.3.2 施工流程

钢丝网片现浇混凝土围护墙保温体系施工工艺流程：钢丝网片保温板排板设计→主体墙钢筋绑扎定位→弹控制线→钢丝网片保温板安装就位→安装连接件及管线敷设→附加钢丝网片绑扎→模板支护→浇筑混凝土→模板拆除→混凝土养护→墙体缺陷找补→找平砂浆→饰面层。

3.3.3 施工控制要点

3.3.3.1 钢丝网片保温板施工控制要点

1）安装前，应根据设计图纸和排板图复核尺寸，并进行编号和设置安装控制线，弹出每块板的安装控制线。

2）对无法用主规格安装的部位，应事先在施工现场加工符合要求的非主规格尺寸，非主规格板最小宽度不宜小于100mm。

3）钢丝网片保温板应从墙身转角处开始安装。

4）钢丝网片保温板的安装应在结构层钢筋验收合格后进行，并应按逐间封闭、顺序连接的方式进行安装。

5）门窗洞口部位，应根据设计要求在不切断钢丝网片基础上剔除部分保温芯材，或在钢丝网片保温板设计生产时将门窗洞口部位保温芯材裁割处理，然后进行配筋或增加钢丝网片增强处理，钢筋、附加钢丝网片需同钢丝网片保温板绑扎连接。

6）当钢丝网片保温板系统需设置构造柱或水平系梁时，应将构造柱处或水平系梁处保温芯材剔除且清理干净后进行配筋，且不宜切断钢丝网片，当确需切断钢丝网片时应在配筋后通过附加钢丝网片与钢丝网片保温板绑扎连接，然后现浇混凝土或喷抹喷射混凝土。

7）钢丝网片保温板系统配电箱、开关盒、插座等电器配件的部位周围以及敷设在保温芯材中的电气线路应采取不燃材料进行防火隔离保护。

8）钢丝网片保温板系统模板支护施工，应对模板及其支架进行承载力、刚度和稳定性计算；安装时宜先安装角模，模板上下应有定位措施，必要时附加支撑，任何边角部位不得留有孔洞或缝隙，确保拼缝处不漏浆。

9）应按模板施工方法确定对拉螺栓间距，通过金属限位连接支撑杆穿拉对拉螺栓固定模板，确保模板的拼缝处不漏浆。

3.3.3.2 模板要求

1）模板施工前应编制专项施工方案，并经审核批准后实施。

2）模板及其支撑应按照模板配模设计的要求进行安装，配件安装牢固。独立钢支撑和斜支撑下的支承面应平整垫实，并有足够的受压面积，斜支撑上端宜着力于竖向背棱。

3）背棱宜采用整根杆件。背棱搭接时，上下道背棱接头宜错开设置，错开位置不宜少于400mm，接头长度不应少于200mm。

4）穿插螺栓时不得斜拉硬顶，当改变孔位时严禁用电、气焊灼孔。

5）模板支承件应逐件拆卸，模板应逐块拆卸传递，拆除时不得损伤模板和混凝土。

3.3.3.3 混凝土浇筑

1）浇筑混凝土前，应清除模板内的杂物。表面干燥的模板上应洒水湿润；现场环境温度高于35℃时，宜对金属模板进行洒水降温；洒水后不得留有积水。

2）模板上口应设置漏斗或挡板，禁止混凝土自输送管口下落后直接落入模板内。

3）混凝土浇筑前检查模板及其支架、钢筋以及保护层厚度、预埋件等的位置和尺寸，确认无误后方可浇筑混凝土。

4）模板内的混凝土浇筑不得发生离析，倾落高度应符合现行《混凝土结构工程施工规范》（GB 50666）的规定。

5）混凝土坍落度应符合泵送混凝土对流动性的要求，浇筑保护层混凝土时，为防止产生浇筑不均匀及表面起气泡，可采用橡皮槌等工具在模板外侧辅助敲打，必要时应选用钢筋进行均匀插捣或选用适宜尺寸的振动棒进行振捣，严禁振动棒碰触保温芯材、模板及金属限位连接支撑杆。

6）在同一混凝土浇筑点，宜采用推移式连续浇筑；在多个混凝土浇筑点之间切换时，应在混凝土初凝之前浇筑次层混凝土。

7）保护层与结构层同时浇筑时，保护层浇筑速度应始终先于结构层，且应控制钢丝网片保温板两侧混凝土浇灌速度的均衡性，及时观测两侧混凝土浆面高差，严格控制在 400mm 以内。

3.3.3.4 混凝土养护

钢丝网片保温板两侧的混凝土在模板拆除后应及时进行保湿养护，保湿养护可采用洒水、覆盖、喷涂养护剂等方式。养护方式应根据现场条件、环境温湿度、构件特点、技术要求、施工操作等因素确定。

混凝土的养护时间应符合下列规定：

1）采用硅酸盐水泥、普通硅酸盐水泥或矿渣硅酸盐水泥配制的混凝土，不应少于 7d；采用其他品种水泥时，养护时间应根据水泥性能确定。

2）采用缓凝型外加剂、大掺量矿物掺和料配制的混凝土，不应少于 14d。

3）养护期间应采用浇水养护，保持混凝土处于湿润状态或塑料薄膜覆盖养护，并保持塑料布内有凝结水。

3.3.3.5 其他要点

1）热桥部位处理：热桥部位均应采用保温砂浆做保温处理，保温砂浆外侧采用 3～5mm 厚抗裂砂浆，中间压入玻纤网。

2）饰面层施工：涂料或面砖饰面应按照现行《建筑装饰装修工程质量验收标准》（GB 50210）规定要求施工。

3）承托施工：提前确定承托构件位置，承托构件钢筋与主体混凝土构件钢筋同时绑扎同时浇筑，保温板按照预先排板位置，提前将保温板的保温芯材裁出承托尺寸大小洞口，再绑扎承托钢筋，安装固定保温板。

4）孔洞处理：外侧饰面施工前应对穿墙套管孔洞进行封堵；封堵时应先填入与保温芯材等厚的保温材料，再用干硬性砂浆或细石混凝土将孔洞两端填实，并应在外表面涂刷防水涂层。

3.4 工程案例调研分析

外墙采用现浇混凝土墙体自保温体系，节能构造参见《RQB 钢丝网片组合板现浇混凝土墙体自保温系统建筑构造》。

经现场调研，施工过程中存在如下问题：

1）施工现场的钢丝网片保温板存放情况如图 3-4 所示，其保温芯材选用石墨模塑聚苯乙烯（SEPS）板。部分钢丝网片保温板破损，产生一些废弃材料。

图 3-4 施工现场存放的钢丝网片保温板

2）施工现场的钢丝网片保温板吊运情况如图 3-5 所示。在吊运过程中，钢丝网片保温板极易出现弯曲、破损等现象。

施工建议：施工单位应制定完善的钢丝网片保温板吊装方案，如在吊带下增加托架等，以减小吊装工程对保温板材的损伤。

图 3-5 钢丝网片保温板的吊装情况

3）施工现场的钢丝网片保温板安装情况如图 3-6 所示。安装就位后保温板板缝过大，需要后期补板，且补板宽度小，施工困难，浇筑混凝土后极易在此部位产生热桥。

图 3-6 钢丝网片保温板安装情况

施工建议：钢丝网片保温板的施工，应根据设计图纸确定钢丝网片保温板的拆分方案，并应绘制安装排板图。

4）钢丝网片保温板上开设孔洞如图 3-7 所示。浇筑混凝土后会在预留保温芯材孔洞内填满混凝土，使外墙产生局部热桥，产生冷凝结露现象，不仅影响外墙节能效果，而且会造成后期外墙内饰面出现受潮、发霉、粉化、起皮等现象。

图 3-7 钢丝网片保温板开设孔洞的情况

施工建议：应避免在保温板上开设孔洞，为避免浇筑混凝土时保温芯材的变形和移位，保护层与结构层应同时浇筑，且保护层浇筑应始终先于结构层；应控制钢丝网片保温板两侧混凝土浇灌速度的均衡性，及时观测两侧混凝土浆面高差，严格控制在 400mm 以内。

5）双面钢丝网片填充墙与单面钢丝网片剪力墙交接处（图 3-8）的保温芯材之间缝隙过大，且补板施工困难，极易形成冷桥。

图 3-8 双面钢丝网片填充墙与单面钢丝网片剪力墙交接处

施工建议：保温芯材应进行无缝拼接，并设有附加钢丝网片将板缝加强。

6）钢丝网片保温板系统墙面出现保温板移位、墙面空鼓、开裂等现象。钢丝网片保温板两侧的混凝土浇灌速度不均衡，出现压差，导致保温板移位、空鼓、保温板外露等现象（图 3-9、图 3-10）。单面钢丝网片保温板与双面钢丝网片保温连接处、钢丝网片竖向拼缝处虽采用附加钢丝网片搭接，但绑扎不牢固或漏绑，墙面浇筑后养护不到位，均会造成外墙面开裂现象。

图 3-9 钢丝网片保温板系统内侧墙面出现保温板移位、空鼓、开裂等现象

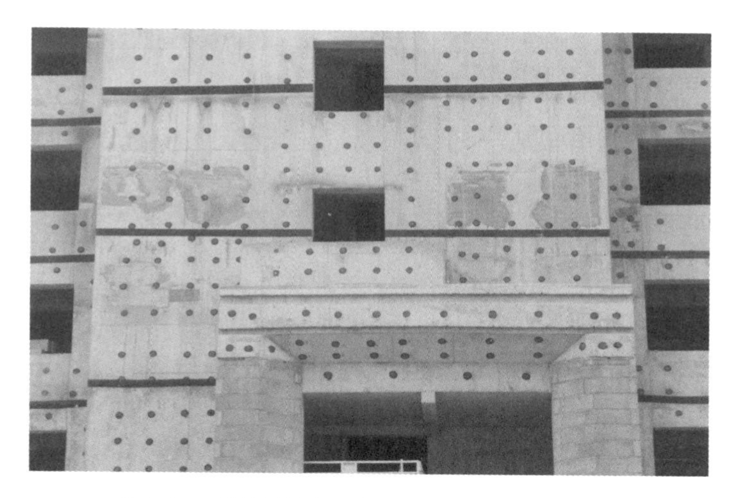

图 3-10 钢丝网片保温板系统外侧墙面空鼓修补

施工建议：应控制钢丝网片保温板两侧混凝土浇灌速度的均衡性，及时观测两侧混凝土浆面高差，严格控制在 400mm 以内。为防止产生浇筑不均匀及表面起气泡，可采用橡皮槌等工具在模板外侧辅助敲打，必要时应选用钢筋进行均匀插捣或选用适宜尺寸的振动棒进行振捣。附加钢丝网片绑扎牢固，混凝土浇筑后应及时进行保湿养护，保湿养护可采用洒水、覆盖等方式。

4　FS外模板现浇混凝土复合保温体系分析

4.1　体系简介

4.1.1　体系构造组成

FS外模板现浇混凝土复合保温体系是以FS复合保温外模板为永久性外模板，内侧浇筑混凝土，外侧依次做保温浆料找平层和水泥砂浆抹面层，通过连接件将FS复合保温外模板与混凝土牢固连接在一起而形成的无空腔复合保温体系。该体系基本构造如图4-1所示。

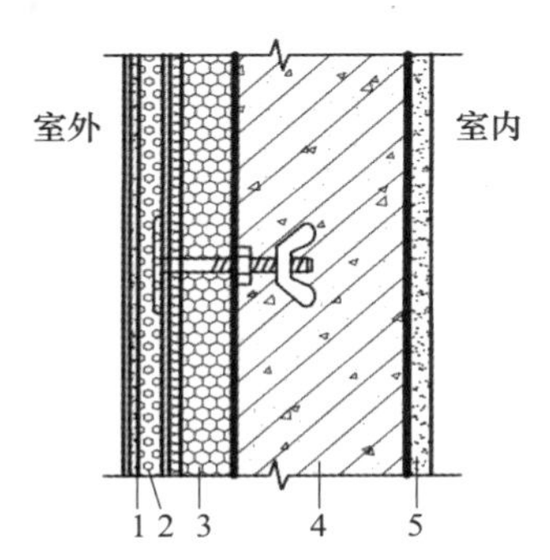

图4-1　FS外模板现浇混凝土复合保温体系基本构造

1—抹面层；2—找平层；3—FS复合保温外模板；4—现浇结构层；5—找平抹面层

4.1.2　体系的特点

1）保温与模板合二为一，设计施工技术简单，工程造价较低，易于大面积推广应用。

2）达到一体化技术要求，实现建筑保温与墙体同寿命的目的。

3）解决传统外墙外保温脱落问题。FS外模板现浇混凝土复合保温体系各构造层间为无空腔构造，且通过连接件将FS复合保温外模板与混凝土牢固连接在一起，解决了传统外墙外保温系统的脱落问题。

4）解决传统外墙外保温防火问题。保温层两侧是燃烧性能等级为A级的不燃材料，且厚度均不小于50mm，解决了传统外墙外保温系统防火安全性差、火灾隐患大的问题。

4.1.3　体系的适用范围

该体系适用于抗震设防烈度8度及8度以下地区新建、改建和扩建的民用与工业建筑的现浇混凝土保温工程。

4.2 体系的性能指标

4.2.1 系统性能指标

该外墙系统应满足耐久性要求，具体包括耐候性、抗冲击强度、耐冻融性能。其系统性能指标应符合表4-1规定。

表4-1 系统性能指标

项目	性能指标
耐候性	经耐候性试验后，不得出现饰面层起泡或剥落、保护层空鼓或脱落等破坏，不得产生渗水裂缝。试验结束后，应检验拉伸黏结强度：当保温芯材采用XPS板、SEPS板、PU板、SXPS板、GPES板和聚合聚苯板时，系统拉伸黏结强度不应小于0.10MPa；当保温芯材采用岩棉带时，系统拉伸黏结强度不应小于0.08MPa；对饰面砖系统，饰面砖与抹面层的拉伸黏结强度不应小于0.40MPa
抗冲击强度	≥10J级
耐冻融性能（D30）	无空鼓、脱落破坏，无渗水裂缝；当保温芯材采用XPS板、SEPS板、PU板、SXPS板、GPES板和聚合聚苯板时，系统拉伸黏结强度不小于0.10MPa；当保温芯材采用岩棉带时，系统拉伸黏结强度不应小于0.08MPa

4.2.2 主要组成材料性能指标

1）FS复合保温外模板性能指标应符合表4-2规定。

表4-2 FS复合保温外模板性能指标

项目（单位）		保温芯材						
		XPS板	SEPS板	PU板	SXPS板	GPES板	聚合聚苯板	岩棉带
面密度（kg/m²）	Ⅰ型	≤30	≤30	≤30	≤30	≤30	≤45	
	Ⅱ型	≤45	≤45	≤45	≤45	≤45	—	
外侧抗冲击性（J级）		≥10						
拉伸黏结强度（kPa）	原强度	≥150	≥100	≥100	≥150	≥300	≥100	≥80
	耐水强度	≥150	≥100	≥100	≥150	≥300	≥100	≥80
	耐冻融强度	≥150	≥100	≥100	≥150	≥300	≥100	≥80
抗折荷载（N）		≥2000						

2）用于FS复合保温外模板的保温芯材主要包括XPS板、SEPS板、PU板、SXPS板、GPES板、聚合聚苯板和岩棉带等材料。其保温芯材性能指标应符合表4-3规定。

表 4-3　保温芯材性能指标

项目（单位）	保温芯材						
	XPS 板	SEPS 板	PU 板	SXPS 板	GPES 板	聚合聚苯板	岩棉带
导热系数[W/（m·K）]	≤0.030	≤0.033	≤0.024	≤0.026	≤0.025	≤0.045	≤0.048
垂直于板面方向的抗拉强度（kPa）	≥150	≥100	≥100	≥150	≥300	≥100	≥80
燃烧性能等级	不低于 B_2 级	不低于 B_1 级	不低于 B_2 级	不低于 B_1 级	不低于 B_1 级	A 级	A 级
憎水率（%）	—						≥98.0
酸度系数	—						1.8～3.0

3）保温砂浆性能指标应符合表 3-4 规定。

4）抗裂砂浆性能指标应符合表 4-4 规定。

表 4-4　抗裂砂浆性能指标

项目		单位	性能指标
拉伸黏结强度（与保温砂浆）	标准状态	MPa	≥0.10
	浸水状态	MPa	≥0.10
拉伸黏结强度（与水泥砂浆）	标准状态	MPa	≥0.70
	浸水状态	MPa	≥0.50
	冻融循环处理	MPa	≥0.50
可操作时间		h	1.5～4.0
压折比		—	≤3.0

5）玻纤网性能指标应符合表 3-5 规定。

6）热镀锌电焊网性能指标应符合表 4-5 规定。

表 4-5　热镀锌电焊网性能指标

项目	单位	性能指标
钢丝直径	mm	0.8～1.0
网孔中心距	mm	12.7～19.05
焊点抗拉力	N	≥65
镀锌层质量	g/m²	≥122

4.3　施工技术要求

4.3.1　施工准备

1）FS 外模板现浇混凝土复合保温体系施工应编制专项施工方案，并组织施工人员进行培训和技术交底。

2）砂浆类材料的配制应由技术人员专门负责，配合比、搅拌机具与操作应严格按照生产厂家和相关标准规定进行。

3）FS外模板现浇混凝土复合保温体系各种材料应分类贮存平放码垛，不宜露天存放。对在露天存放的材料，应有防雨、防暴晒措施；在平整干燥的场地，最高不超过20层；存放过程中应采取防潮、防水等保护措施，贮存期及条件应符合产品使用说明书的规定。

4）施工作业时环境温度不应低于5℃，风力不应大于5级，雨期施工应做好防雨措施，雨天不得施工。

4.3.2 施工流程

FS外模板现浇混凝土复合保温体系施工工艺流程：FS复合保温外模板排板→弹线→裁割→安装连接件→绑扎钢筋及垫块并验收合格→立FS复合保温外模板→立内侧模板→穿对拉螺栓→立模板木方次棱→立模板双钢管主棱→调整固定模板位置→浇筑混凝土→拆除内模板及主、次棱→砌筑自保温砌块砌体→拼缝及阴阳角处抗裂处理→保温砂浆找平层施工→抗裂砂浆抹面层施工→饰面层施工。

4.3.3 施工控制要点

1）确定排板分格方案：根据外墙尺寸确定排板分格方案，尽量使用主规格的FS复合保温外模板。为避免楼板位置处发生漏浆、泛浆现象，FS复合保温外模板宜高出楼面50mm左右。

2）弹线：FS复合保温外模板安装前应根据设计图纸和排板要求复核尺寸，并设置安装控制线。

3）FS复合保温外模板裁割：对无法用主规格安装的部位，应事先在施工现场用切割锯切割成为符合要求的非主规格尺寸，非主规格板最小宽度不宜小于100mm。经裁割后的FS复合保温外模板四周应保证平直，保温层外侧砂浆保护层宜呈倒V形角。

4）安装连接件：在施工现场用手枪钻在FS复合保温外模板预定位置穿孔，安装连接件每平方米应不少于5个，安装孔距FS复合保温外模板板边应不小于50mm。当采用非主规格板或板的宽度较小时，应确保任何一块FS复合保温外模板有不少于2个连接件，门窗洞口处可增设连接件。

5）绑扎钢筋及垫块：外柱、墙、梁钢筋绑扎完成，经验收后在钢筋内外侧绑扎C20水泥砂浆垫块（3～4块/m^2）。

6）立FS复合保温外模板：根据设计排板方案安装FS复合保温外模板，并用绑扎钢丝将连接件与钢筋绑扎定位，以防歪倒，先安装外墙阴阳角板，后安装主墙板。FS复合保温外模板的拼缝宽度以不漏浆和可抹压入抗裂砂浆为宜。通常情况下，FS复合保温外模板的拼缝不宜大于5mm。

7）按照设计要求安装与主体结构连接的预埋件。预埋件应安装牢固，位置准确。

8）立内侧模板：根据混凝土施工验收规范和建筑模板安全技术规范的要求，采用传统做法，安装外墙内侧竹（木）胶合模板。

9）安装对拉螺栓：根据每层墙、柱、梁高度按常规模板施工方法确定对拉螺栓间距，用手枪钻在FS复合保温外模板和内侧模板相应位置开孔，穿入对拉螺栓并初步调整螺栓。当外墙对防水有较高要求时，对拉螺栓宜为带有止水片的永久螺栓。

10）安装模板主次棱：立外墙内、外侧竖向（40mm×70mm或50mm×80mm）次棱，横向安装水平向2根ϕ48mm×3.6mm钢架管或方架管做主棱，固定内外模板、主次棱，调整模板位置和垂直度，使之达到施工要求。为方便安装和拆除，次棱木方可采用条状竹胶板按一定间距固定连接，形成整体支撑。

11）混凝土浇筑：混凝土浇筑前，应洒水清洗FS复合保温外模板，保证其洁净和湿润。混凝土浇筑时宜采用Ⅱ形保温帽或其他方式保护FS复合保温外模板。当FS复合保温外模板采用岩棉带时，应分次浇筑，每次浇筑高度不宜超过1m。混凝土振捣时，振捣棒不得直接接触FS复合保温外模板。

12）内模板及主、次棱拆除：内模板、主次棱的拆除时间和要求应按照现行《混凝土结构工程施工质量验收规范》（GB 50204）和《建筑施工模板安全技术规范》（JGJ 162）的规定执行。

13）分格缝设置：当建筑为涂料外饰面时，应根据设计要求做分格缝，分格缝宽度宜为20mm，用建筑密封胶密封。

14）砌筑自保温砌块（墙体）：外围护结构填充墙体自保温砌体施工按照国家和山东省有关标准的规定施工，且自保温砌体（墙体）外侧应同FS复合保温外模板外侧在同一垂直立面上。

15）拼缝、阴阳角、孔洞等细部抗裂处理：FS复合保温外模板拼缝、阴阳角处及与自保温砌块墙体相交处，用抗裂砂浆抹压补缝找平，确保缝隙密实无空隙，并铺设200mm宽耐碱玻纤网布，必要时可铺设热镀锌电焊网，做加强抗裂措施处理。对拉螺栓孔、脚手架孔和其他孔洞，应采用膨胀水泥、膨胀混凝土或发泡聚氨酯等先将孔洞填实，后局部抹防水砂浆做加强处理。

16）抹面砂浆施工：FS复合保温外模板与自保温砌体外侧应整体分层抹压保温砂浆和抗裂砂浆，满足设计厚度，使外立面平整，符合验收要求。保温砂浆宜分遍抹压，总厚度不宜超过25mm，抗裂砂浆宜分两遍抹压，总厚度不宜超过8mm。当饰面层为面砖时，热镀锌电焊网应居于抗裂砂浆中间位置，且应与连接件相连接。

17）饰面层施工：涂料或面砖饰面层应按照现行《建筑装饰装修工程质量验收标准》（GB 50210）规定要求施工。

4.4 工程案例调研分析

4.4.1 工程项目概况

本工程名称为济南新旧动能转换起步区安置某区一标段项目、三标段项目和四标段项目（图 4-2～图 4-4）。

图 4-2　安置某区一标段项目

图 4-3　安置某区三标段项目

图 4-4　安置某区四标段项目

一标段项目总建筑面积约 162414.16m²，地上建筑面积约 111494.06m³，地下建筑面积约 50920.10m³。安置户型共分为 81m³、94m³、128m³、141m³ 四种。目前规划一标段 15 栋住宅（14～18 层/－2 层）、1 栋（4 层）居委会服务中心、4 座（1～2 层）配套设施。

三标段项目由 15 栋住宅、5 栋公建（含换热站）、2 栋车库组成，建筑面积 16.61 万 m²。

四标段项目由 10 栋住宅、1 栋换热站、1 号楼 11 层、其余单体 15 层、地下均为 2 层，本标段建筑面积约 93119.95m²。

一标段、三标段和四标段外墙采用 FS 外模板现浇混凝土复合保温系统，填充墙采用 200mm 厚加气混凝土板外贴 100mm 厚 GPES 保温板（表 4-6）。

表 4-6　FS 外模板现浇混凝土复合保温系统构造做法

<table>
<tr><td rowspan="2">外墙 1</td><td>真石漆外墙</td><td rowspan="2">外墙 2</td><td>真石漆外墙</td></tr>
<tr><td>建筑主体外墙（承重部分）</td><td>建筑主体外墙（非承重部分）</td></tr>
<tr><td colspan="2">①涂饰面层涂料二遍；
②喷涂主层涂料；
③涂饰底层涂料；
④5mm 厚抹面胶浆分遍抹压，压入耐碱玻璃纤维网布；
⑤33mm 厚玻化微珠保温浆料；
⑥25mm 厚专用保温砂浆；
⑦FS 复合保温外模板（52mm 厚Ⅱ型 GPES 板），其厚度应以节能设计为准；
⑧钢筋混凝土墙体</td><td colspan="2">①涂饰面层涂料二遍；
②喷涂主层涂料；
③涂饰底层涂料；
④5mm 厚抹面胶浆分遍抹压，压入耐碱玻璃纤维网布；
⑤48mm 厚玻化微珠保温浆料分遍抹平；
⑥52mm 厚 GPES 覆面保温板；
⑦10mm 厚专用抹灰砂浆找平；
⑧加气混凝土砌块（或板材）</td></tr>
</table>

4.4.2　施工现场调研

经现场调研发现，其施工情况如下：

1）钢筋混凝土外墙部分采用 FS 外模板现浇混凝土复合保温系统，施工现场 FS 复合保温外模板的存放如图 4-5 所示。外模板的厚度、长宽尺寸和板面平直度符合规范要求，产品表面平整，颜色均匀，无裂纹、变形等可见缺陷。

图 4-5　施工现场存放的 FS 复合保温外模板

2）FS 外模板主次棱安装（图 4-6）。竖向安装 50mm×70mm 的木方作为次棱，横向安装水平向刚背作为主棱，对拉螺栓穿墙对拉，固定主次棱，内模板连接稳固，相邻木方次棱间距不大于 200mm。

3）铝合金模板安装（图 4-7）。模板及其支撑按照模板配模设计的要求进行安装，配件安装牢固。独立钢支撑和斜支撑下的支承面平整垫实，斜支撑上端着力于竖向背棱；上下道背棱接头错开设置，错开位置不小于 400mm。

图 4-6 安置某区一标段项目 FS 外模板及主次棱安装

图 4-7 安置某区一标段项目铝合金模板安装

4）墙体阴阳角处 FS 外模板拼接缝密实（图 4-8）。

图 4-8 墙体阴阳角处 FS 外模板拼接现场

5）螺栓孔封堵及防水处理（图 4-9）。螺栓孔封堵后，在外表面涂刷防水涂层，防水涂层直径不得小于孔洞直径的 2 倍。

从安置某区一标段项目、三标段项目和四标段项目 FS 外模板现浇混凝土复合保温体系的现场调研来看，各施工单位已熟悉该体系的施工工艺流程及施工技术要点，并制定了切实有效的质量控制措施。鉴于以上三标段项目填充墙还未开始施工，工地调研不包含填充墙部分的内容。

据了解，安置某区一标段项目（图 4-6）起初采用了隔离式纳塑外模板，但因其价格比 FS 复合保温外模板高，且厂家只提供标准板，工人现场切割费时费力，且材料浪费严重，施工方仅在底部两层使用了隔离式纳塑外模板，2 层以上改用 FS 复合保温外模板系统。

图 4-9　螺栓孔封堵及防水处理

5 隔离式纳塑复合外贴板薄抹灰外保温体系分析

5.1 体系简介

5.1.1 体系构造组成

隔离式纳塑复合外贴板薄抹灰外墙外保温系统是置于建筑物外侧，与基层墙体采用粘锚结合方式固定，具有防火和保温功能的保温系统（图 5-1）。由隔离式纳塑复合外贴板、抗裂层、饰面层及锚栓构成。

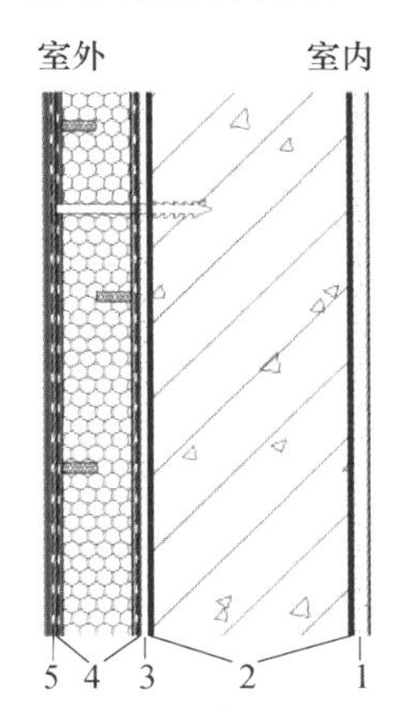

图 5-1 隔离式纳塑复合外贴板薄抹灰外墙外保温系统基本构造

1—混合砂浆；2—钢筋混凝土墙体；3—10mm 厚黏结砂浆；
4—隔离式纳塑外贴板；5—抗裂砂浆

隔离式纳塑外贴板是经工厂化预制生产，将具有防火隔离条的纳塑保温板板面复合敷面防火砂浆并压入玻纤网，形成的具有独立防火单元的外贴式保温板（图 5-2）。

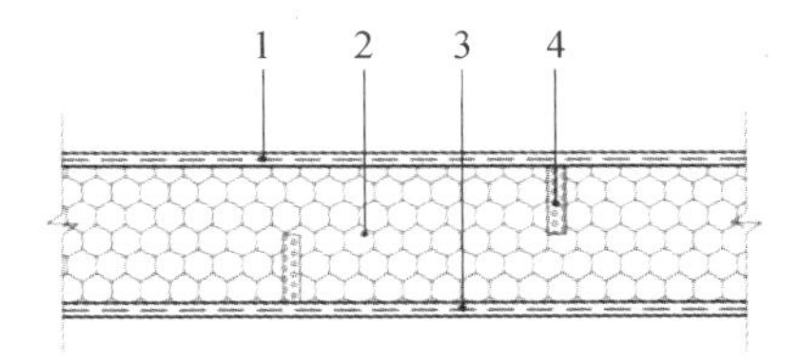

图 5-2 隔离式纳塑外贴板基本构造

1—敷面防火砂浆复合玻纤网；2—纳塑保温板；3—敷面防火砂浆复合玻纤网；
4—防火隔离条

5.1.2 体系的特点

1）导热系数≤0.025W/（m·K），只有传统A级保温板厚度的一半，抗拉、抗剪能力强，采用薄抹灰系统施工工艺，工艺成熟稳定，无脱落风险。

2）隔离式纳塑外贴板保温材料燃烧性能达到A_2级，解决了传统外墙外保温系统防火安全性差、火灾隐患大的问题。

3）全工厂化预制加工生产，质量均一性、可控性强。

4）施工简便、成本低：作为A级保温材料，建筑无须设置耐火窗和防火隔离带，采用薄抹灰系统施工工艺，综合造价低。

5.1.3 体系的适用范围

隔离式纳塑复合外贴板薄抹灰外墙外保温系统适用于普通混凝土墙体和各类砌块墙体。

5.2 体系的性能指标

5.2.1 系统性能指标

隔离式纳塑复合外贴板薄抹灰外墙外保温系统的性能指标应符合表5-1规定。

表5-1 隔离式纳塑复合外贴板薄抹灰外墙外保温系统的性能指标

项目		单位	性能指标
耐候性	外观	—	经耐候性试验后，不得出现饰面起泡或剥落，保护层空鼓或脱落等破坏，不得产生渗水裂缝
	拉伸黏结强度	MPa	≥0.15
抗冲击性		J	二层及以上≥3
			首层≥10
吸水量		g/m^2	≤500
耐冻融	外观	—	30次冻融循环后，无可见裂缝，无粉化、空鼓、剥落现象
	拉伸黏结强度	MPa	≥0.15
抹面层不透水		—	2h不透水
水蒸气湿流密度		g/（m^2·h）	≥0.85
单点锚固力		kN	—
复合墙体热阻		（m^2·K）/W	符合设计要求

5.2.2 主要组成材料性能指标

1）隔离式纳塑外贴板的性能指标应符合表5-2规定。

表 5-2 隔离式纳塑外贴板的性能指标

项目	单位	性能指标
面密度	kg/m²	≥5
垂直于板面方向的抗拉强度	MPa	≥0.15
热阻	(m²·K)/W	符合设计要求
燃烧性能等级（A_2）	W/s	燃烧增长速率指数 FIGRA0.2MJ≤120
	—	火焰横向蔓延未达到试样长翼边缘
	MJ	600s 的总放热量 THR600s≤7.5
	MJ/kg	总热值≤3.0

2）纳塑保温板的性能指标应符合表 5-3 规定。

表 5-3 纳塑保温板的性能指标

项目	单位	性能指标
表观密度	kg/m³	32～40
导热系数	W/（m·K）	≤0.025
压缩强度	MPa	≥0.15
垂直于板面方向的抗拉强度	MPa	≥0.15
尺寸稳定性	%	≤1.0
吸水率	%	≤2.0
水蒸气渗透系数	ng（m·h·Pa）	0.85～3.5

3）黏结砂浆的性能指标应符合表 5-4 规定。

表 5-4 黏结砂浆的性能指标

项目			单位	性能指标
拉伸黏结强度（与水泥砂浆）	原强度		MPa	≥0.60
	耐水强度	浸水 48h，干燥 2h		≥0.30
		浸水 48h，干燥 7d		≥0.60
拉伸黏结强度（与隔离式纳塑外贴板）	原强度		MPa	≥0.15
	耐水强度	浸水 48h，干燥 2h		≥0.15
		浸水 48h，干燥 7d		≥0.15
可操作时间			h	1.5～4.0

4）防火砂浆的性能指标应符合表 5-5 规定。

表 5-5 防火砂浆的性能指标

项目		单位	性能指标
拉伸黏结强度（与纳塑保温板）	原强度	MPa	≥0.15
	耐水强度		≥0.15
	耐冻融强度		≥0.15
燃烧性能等级（A_1）	炉内温度	℃	≤30
	质量损失率	%	≤50
	持续燃烧时间	—	0
	总热值	MJ/kg	≤2.0

5）抗裂砂浆的性能指标应符合表 5-6 规定。

表 5-6 抗裂砂浆的性能指标

项目		单位	性能指标
拉伸黏结强度（与隔离式纳塑外贴板）	原强度	MPa	≥0.15
	耐水强度		≥0.15
	耐冻融强度		≥0.15
可操作时间		h	1.5～4.0
压折比		—	≤3.0

6）玻纤网的性能指标应符合表 3-5 规定。

5.3 施工技术要求

5.3.1 施工准备

1）隔离式纳塑复合外贴板薄抹灰外保温体系施工应编制专项施工方案，组织施工人员进行相关资料和技术交底，并在现场建立相应的质量管理系统施工质量控制和检验制度。

2）隔离式纳塑复合外贴板薄抹灰外保温体系各组成材料进入施工现场后，应按照相关规定进行取样复验，储存期限及储存条件应符合产品使用说明书的规定。进场材料应统一分类存储于仓库内，堆放整齐，做好标识，并设专人管理。

3）隔离式纳塑外贴板保温系统施工前，外门窗洞口应通过验收，洞口尺寸、位置应符合设计要求和质量要求，门窗框或辅框应安装完毕。伸出墙面的消防梯、水落管、各种进户管线和空调机等的预埋件、连接件应安装完毕，并预留出保温层的厚度。

4）各类作业机具、工具应备齐，并经检验合格、安全、可靠；各种计量器具应经检定或校准合格，并在有效期内。

5）主要施工设备及施工工具：垂直运输机械、手推车、电动吊篮或脚手架、强制式砂浆搅拌机、手提式电动搅拌器、专用切割工具、角磨机、常用抹灰工具及抹灰的专用检测工具、冲击钻、电锤、手锤、经纬仪及防线工具、自动安平标注仪、塑料软管、螺丝刀、美工刀、钢尺等。

5.3.2 施工流程

隔离式纳塑复合外贴板外墙外保温体系施工流程如图 5-3 所示。

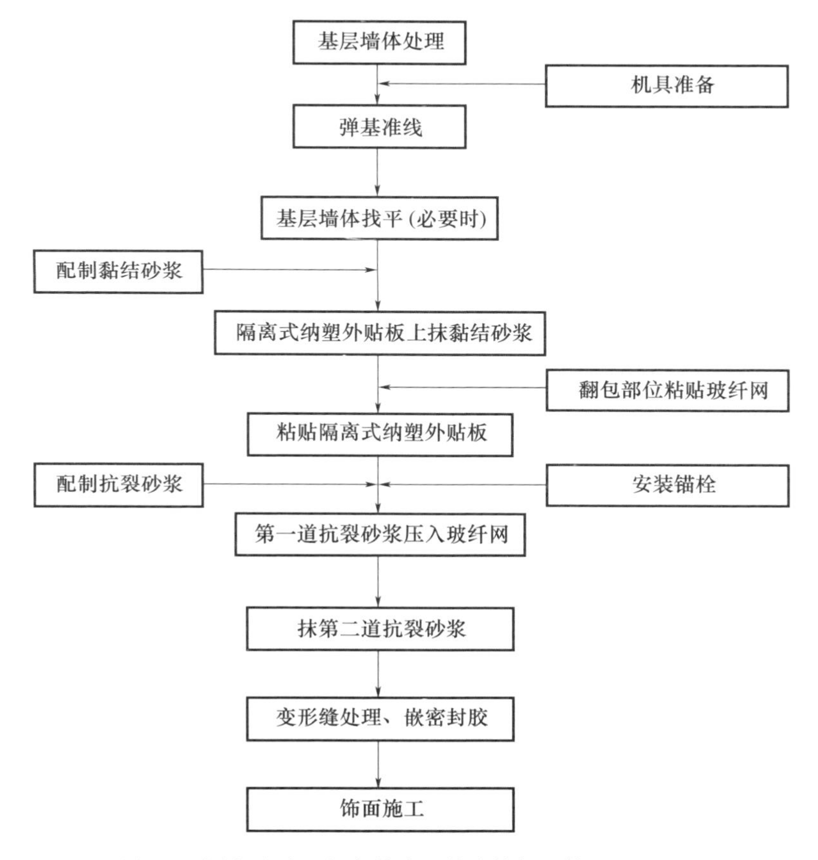

图 5-3 隔离式纳塑复合外贴板外墙外保温体系施工流程

5.3.3 施工控制要点

1）基层墙体处理

基层应坚实、平整，表面应清洁，无油污、脱模剂、浮尘等妨碍粘贴的附着物。凸起、空鼓、疏松、开裂和起皮部位应剔除并找平。基层墙体表面平整度允许偏差 5mm，当基层墙体的平整度超过允许偏差时需用砂浆找平，找平材料应采用专用砂浆，并应与基层黏结牢固。穿墙孔及墙面缺损处应清理干净后用专用砂浆修补平整；墙面孔洞部位浇水湿润，并采用专用砂浆将其补齐砌严。

2）挂弹基准线

在外墙各阳角、阴角及其他必要处挂垂直基准线，在每个楼层的适当位置挂水平线，以控制隔离式纳塑外贴板的垂直度和水平度。

3）黏结砂浆、抗裂砂浆的配制

（1）应严格按照供应商提供的配比和制作工艺在现场进行配制。

（2）黏结砂浆、抗裂砂浆一般均为单组分材料，将干粉黏结砂浆、抗裂砂浆、水按一定比例混合，用专用电动搅拌器搅拌均匀，达到工程所需的黏稠度。

（3）每次配制不宜过多，并应在2h内用完，不得二次加水拌和。在基层墙体找平砂浆达到一定强度并进行隐蔽验收后方可进行隔离式纳塑外贴板的粘贴。

4）粘贴隔离式纳塑外贴板

（1）粘贴外贴板前，应检查外贴板是否干燥，并进行表面清理，干燥后方可施工。

（2）在隔离式纳塑外贴板内粘贴面涂抹厚度不小于5mm的黏结砂浆，采用齿形抹子反复刮抹均匀，按垂直线和控制线位置粘贴外贴板，外贴板之间对接严密，外贴板应自下而上，按顺砌方式铺设粘贴，竖缝应逐行错缝1/2板长，并随时用2m靠尺和托线板检查平整度和垂直度。板与板之间高差不应超过1mm，板缝应拼接严密，当板与板之间的接缝缝隙大于2mm时，抹灰前应用聚氨酯发泡胶填充。外贴板与基层墙体的有效粘贴面积不得小于外贴板面积的60%。

（3）粘贴的隔离式纳塑外贴板可现场裁切，但必须注意切口与板面垂直，墙面边角处的隔离式纳塑外贴板不得小于300mm。门窗洞口外侧四角粘贴隔离式纳塑外贴板，不得拼接，应采用整块板材切割成型。门窗洞口内侧保温可采用保温浆料进行保温处理，厚度不宜小于30mm。

5）锚固隔离式纳塑外贴板

（1）隔离式纳塑外贴板粘贴凝固24h后，应在外贴板上安装锚栓。

（2）施工时应用工具钻孔，钻孔工艺严格按照产品说明书进行，严禁采用锤击敲入的方式安装。

（3）钻孔时，钻孔机具钻头直径应与塑料胀管相适应，成孔深度大于锚固深度5mm且不宜超过10mm，孔内粉尘清理干净，有效锚固深度在混凝土墙中不小于35mm，在砌体墙中不小于60mm。砌体部位不应采用冲击电锤打孔。

6）抗裂砂浆层施工

（1）抗裂砂浆应在隔离式纳塑外贴板粘贴完毕24h后进行，基层表面应平整、清洁。

（2）施工单层玻纤网的抗裂砂浆层时，应采用两遍施工一次成活的方式，总厚度应达到设计要求，玻纤网应靠外表面。二层及以上的抗裂砂浆厚度宜为3～5mm，首层的加强型不小于6mm。

（3）在门窗洞口四角沿45°方向增加铺贴一层400mm×300mm玻纤网，窗口处应进行翻包处理；墙角处应在铺设时预留 200mm 玻纤网，抹面施工时相互交错搭接，压入抗裂砂浆。玻纤网应自上而下铺设，横向和竖向搭接宽度不小于 100mm。

（4）抗裂砂浆施工间歇应在自然断开处，以方便后续施工的搭接。在连续墙面上如需停顿，第二道抗裂砂浆不应完全覆盖已铺好的玻纤网，需与玻纤网、第二道抗裂砂浆形成台阶形坡槎，留槎间距不小于 150mm。

（5）抗裂砂浆施工完后，应检查平整、垂直及阴阳角方正，不符合要求的应使用抗裂砂浆进行修补。严禁在此面层上涂抹普通水泥砂浆腰线、窗口套线等。

（6）抗裂砂浆和玻纤网铺设完毕后，不得扰动，静置养护不少于 24h，方可进行下一道工序的施工。在寒冷潮湿气候条件下，还应适当延长养护时间。

7）饰面层施工

（1）采用建筑涂料饰面时，在抹面层表干后即可进行柔性耐水腻子的施工，用镘刀或刮板批刮，待第一遍柔性耐水腻子表干后，刮第二遍腻子，表干后进行压实磨光成活。批刮柔性耐水腻子应不漏底、不漏刮、不留接缝，完全覆盖表面。待柔性耐水腻子完全干固后，即可进行面层涂料的施工。建筑涂料饰面的施工应从墙顶端开始，从上而下进行。

（2）采用饰面砂浆饰面时，在抹面层表干后即可进行饰面砂浆的施工，饰面砂浆需现场加水搅拌配制，用抹子批刮面层砂浆，根据所需的不同花纹，选用不同的工具在浆料潮湿的情况下连续打磨，待饰面材料硬化后滚涂罩面。

5.4　工程案例调研分析

该设计案例位于济南新旧动能转换起步区。总建筑面积约 6497.40m^2，地上建筑面积 6152.83m^2，地下建筑面积 344.57m^2。该建筑为地上 3 层，层高均为 4.2m；地下局部一层，层高为 5.0m。一层主要为寝室、活动室等幼儿生活用房、综合活动室及厨房等，二层主要为幼儿寝室、活动室以及公共活动用房、教师办公室，三层为幼儿寝室、活动室。

该建筑案例建筑设计使用年限属 3 类建筑，结构形式为钢筋混凝土框架结构，建筑抗震类别为乙类，设防烈度为 7 度。外围护填充墙为 200mm 厚加气混凝土砌块墙及 ALC 条板墙，采用隔离式纳塑板防火保温系统，200mm 厚加气混凝土板外贴 100mm 厚隔离式纳塑复合保温板构造做法。

鉴于该项目外墙围护体系尚未施工，研究报告未包含工地调研部分内容。

6 装配式加气混凝土复合保温外墙板体系分析

6.1 体系简介

6.1.1 体系构造组成

装配式加气混凝土复合保温外墙板体系是由复合保温外墙板、保温浆料找平层、抹面层、饰面层，以及梁、柱等热桥部位的保温处理措施所组成的外墙体系（图 6-1）。

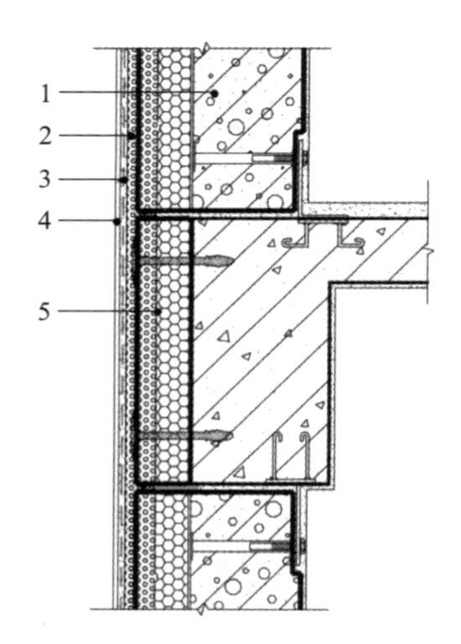

图 6-1 装配式加气混凝土复合保温外墙板体系基本构造

1—复合保温外墙板；2—找平层；3—抹面层；4—饰面层；5—预制复合保温板

复合保温外墙板是由蒸压加气混凝土板、黏结砂浆、保温板和 35mm 厚 A 级保温浆料防护层构成，经工厂复合成型的保温与结构一体化外墙板（图 6-2）。

6.1.2 体系的特点

1）该体系墙板各构造层间为无空腔构造，并通过塑料锚栓辅助机械固定，保证了各构造层间的连接安全性，解决了传统外墙外保温系统的脱落问题。

2）有机保温板两侧是防火性能为 A 级的不燃材料，且厚度均不小于 50mm，解决了传统外墙外保温系统防火安全性差、火灾隐患大的问题。

6.1.3 体系的适用范围

该体系适用于抗震设防烈度 8 度及 8 度以下地区民用与工业建筑的非承重外

墙工程。

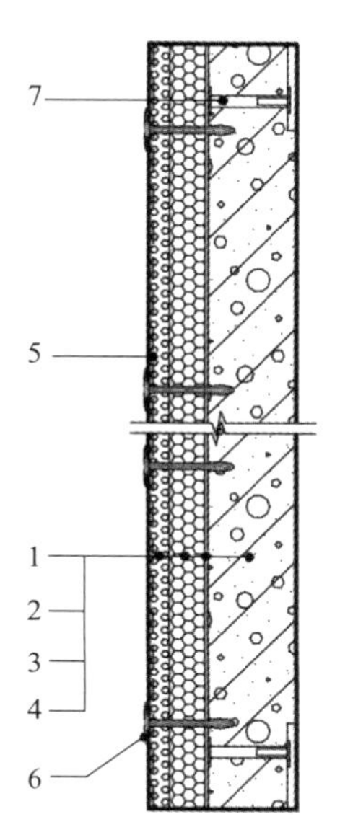

图 6-2 复合保温外墙板基本构造

1—加气混凝土板；2—黏结砂浆；3—保温板；4—35mm 厚保温浆料；5—玻纤网；6—塑料锚栓；7—锚固件

6.2 体系的性能指标

6.2.1 系统性能指标

复合保温外墙板系统的性能指标应符合表 6-1 规定。

表 6-1 复合保温外墙板系统的性能指标

<table>
<tr><th colspan="2">项目</th><th>单位</th><th colspan="2">性能指标</th></tr>
<tr><td rowspan="2">耐候性</td><td>外观</td><td>—</td><td colspan="2">经耐候性试验后，不得出现空鼓、剥落或脱落、开裂等破坏，不得产生裂缝，出现渗水</td></tr>
<tr><td>系统拉伸黏结强度</td><td>MPa</td><td colspan="2">≥0.10</td></tr>
<tr><td rowspan="2">耐冻融</td><td>外观</td><td>—</td><td colspan="2">30 次冻融循环后，系统无空鼓、剥落，无可见裂缝</td></tr>
<tr><td>系统拉伸黏结强度</td><td>MPa</td><td colspan="2">≥0.10</td></tr>
<tr><td colspan="2" rowspan="2">抗冲击性</td><td rowspan="2">—</td><td>二层及以上</td><td>3J 级</td></tr>
<tr><td>首层</td><td>10J 级</td></tr>
</table>

6.2.2 主要组成材料性能指标

1）复合保温外墙板的性能指标应符合表 6-2 规定。

表 6-2　复合保温外墙板的性能指标

项目	单位	性能指标		
		150mm	180mm	200mm
单位面积质量	kg/m^2	≤130	≤150	≤160
抗弯均布荷载	kN/m^2	符合设计要求		
吊挂力	N	≥1000		
空气声计权隔声量	dB	≥45		
耐火极限	h	≥1.0		
锚固件抗拉拔承载力	kN	≥5.0		
热阻	$(m^2 \cdot K)/W$	符合设计要求		

2）加气混凝土板的性能指标应符合表 6-3 规定，并应符合现行《蒸压加气混凝土板》（GB/T 15762）的有关规定。

表 6-3　加气混凝土板的性能指标

项目		单位	性能指标	
			B05	B06
干密度		kg/m^3	≤550	≤650
抗压强度	平均值	MPa	≥3.5	≥5.0
	单组最小值	MPa	≥3.0	≥4.2
导热系数（干态）		$W/(m \cdot K)$	≤0.14	≤0.16

3）加气混凝土板外侧应进行界面处理，所用界面剂的性能指标应符合表 6-4 规定。

表 6-4　界面剂的性能指标

项目		单位	性能指标
拉伸黏结强度	原强度	MPa	≥0.5
	浸水强度	MPa	≥0.4
	晾置时间，20min	MPa	≥0.5

4）黏结砂浆的性能指标应符合表 6-5 规定。

表 6-5　黏结砂浆的性能指标

项目			单位	性能指标
拉伸黏结强度（与水泥砂浆试板）	原强度		MPa	≥0.60
	耐水强度	浸水 48h，干燥 2h	MPa	≥0.30
		浸水 48h，干燥 7d	MPa	≥0.60

续表

项目			单位	性能指标
拉伸黏结强度（与 XPS、SXPS 板）	原强度		MPa	≥0.15
	耐水强度	浸水 48h，干燥 2h	MPa	≥0.10
		浸水 48h，干燥 7d	MPa	≥0.15
拉伸黏结强度（与 SEPS 板）	原强度		MPa	≥0.10
	耐水强度	浸水 48h，干燥 2h	MPa	≥0.06
		浸水 48h，干燥 7d	MPa	≥0.10
拉伸黏结强度（与 PU 板）	原强度		MPa	≥0.10
	耐水强度	浸水 48h，干燥 2h	MPa	≥0.06
		浸水 48h，干燥 7d	MPa	≥0.10
可操作时间			h	1.5～4.0

5）保温板可采用石墨模塑聚苯乙烯（SEPS）板、挤塑聚苯乙烯（XPS）板、石墨挤塑聚苯乙烯（SXPS）板和硬泡聚氨酯（PU）板等保温材料，保温板的性能指标应符合表 6-6 规定。

表 6-6 保温板的性能指标

项目	单位	性能指标			
		SEPS 板	XPS 板	SXPS 板	PU 板
表观密度	kg/m³	18～22	25～35	30～38	≥35
压缩强度	kPa	≥100	≥200	≥200	≥100
垂直板面方向的抗拉强度	kPa	≥100	≥150	≥150	≥100
导热系数	W/（m·K）	≤0.033	≤0.030	≤0.026	≤0.024
吸水率（体积分数）	%	≤3	≤1.5		≤3
燃烧性能等级	—	B_1级			

6）保温浆料采用胶粉聚苯颗粒保温浆料，该保温浆料的性能指标应符合表 6-7 规定。

表 6-7 胶粉聚苯颗粒保温浆料的性能指标

项目	单位	性能指标
干表观密度	kg/m³	250～350
抗压强度	MPa	≥0.30
软化系统	—	≥0.6
线性收缩率	%	≤0.3

续表

项目			单位	性能指标
拉伸黏结强度	与水泥砂浆	标准状态	MPa	≥0.10
		浸水状态		≥0.10
	与保温板	标准状态		≥0.10
		浸水状态		≥0.08
导热系数			W/（m·K）	≤0.085
燃烧性能等级			—	A级

7）玻纤网的性能指标应符合表3-5规定。

8）预制复合保温板的性能指标应符合表6-8规定。

表6-8　预制复合保温板性能指标

项目		单位	性能指标
单位面积质量		kg/m^2	≤20
拉伸黏结强度	原强度	MPa	≥0.10
	耐水强度		≥0.10

6.3　施工技术要求

6.3.1　施工准备

1）复合保温外墙板系统施工应编制专项施工方案，组织施工人员进行培训和技术交底，并在现场应建立质量管理体系、施工质量控制和检验制度。

（1）根据安装工程的数量和现场条件，合理组织墙板、配套材料、配件的供应、运输和存放。

（2）确定安装操作人员的数量，组织、调配机具。

2）复合保温外墙板施工前，应根据外墙板的规格、缝隙宽度、门窗洞口尺寸绘制外墙板排板图，确定外墙板及其连接件、预埋件的数量和位置。

3）复合保温外墙板应进行试安装，并按工程要求在现场采用相同的材料、构造做法和工艺制作样板墙，经有关各方确认合格后，方可进行大面积施工。

4）现场准备：前道工序应完成验收，现场应清理干净，运输道路畅通，墙板堆放场地应坚实、平整、干燥。

5）检验进场材料：

（1）进场的复合保温外墙板应附有产品合格证、出厂检验报告、有效期内的型式检验报告。

（2）配套材料、配件，进场时应提交产品合格证、质量证明文件。

（3）复合保温外墙板与配套材料、配件，应由专人负责检查、验收和复检，并将记录和资料归入工程档案，不合格的墙板和材料、配件不得进入施工现场。

6）准备好相关施工机具及配套材料等。

7）复合保温外墙板与主体结构连接的预埋件，应在主体结构施工时按设计要求埋设。预埋件的形状、尺寸及埋设位置应符合设计要求。

8）检查复核吊装设备及吊具是否处于安全操作状态。

9）复合保温外墙板吊装前应做好检查工作，核验各层标高，检查墙板的尺寸和质量。

10）复合保温外墙板吊装时应采用宽度不小于 50mm 的尼龙吊带兜底起吊，严禁使用钢丝绳或麻绳直接兜板底起吊，吊运墙板应捆扎牢固，合理吊装。

6.3.2　施工流程

复合保温外墙板系统施工工艺流程如图 6-3 所示。

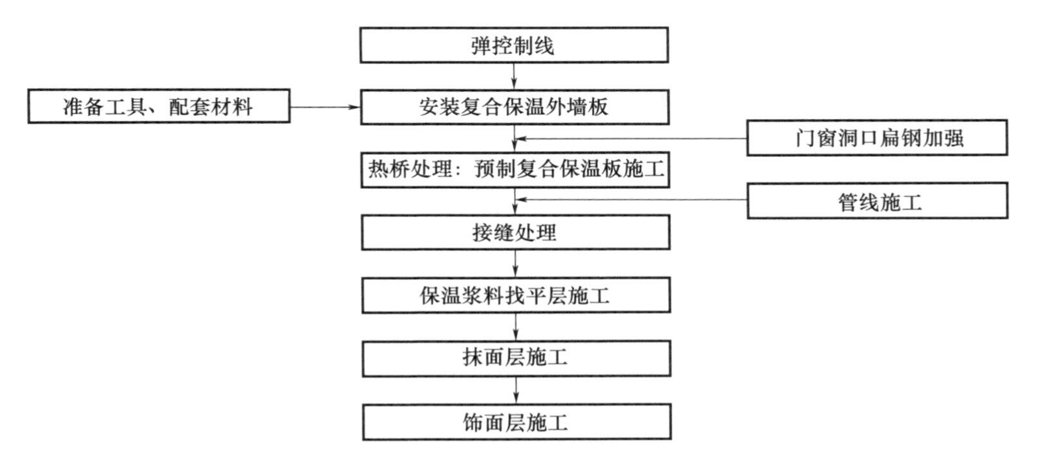

图 6-3　复合保温外墙板系统施工工艺流程

6.3.3　施工控制要点

1）安装复合保温外墙板

（1）按照排板图弹控制线，柱处弹放垂直线，梁处弹放平行直线，地面弹出外墙板安装位置线及门窗洞口边线，弹线应清晰、位置准确。

（2）安装连接件，应沿上下边梁、楼板安装连接件，连接件的数量、位置应严格按照排板图施工。

（3）复合保温外墙板安装顺序，可以从主体结构（墙、柱）的一端向另一端顺序安装；有门洞时，宜从洞口向两侧安装，洞口两侧宜用整块板材；当不足一块板时，补板宽度不宜小于 300mm，不应小于 200mm。

（4）墙板安装前，应将板材清理干净，在内侧加气混凝土板的两侧企口及顶端满刮专用砂浆。专用砂浆灰缝应饱满均匀，厚度不应大于 5mm，饱满度应大于 80%。

（5）应将墙板的下端对准安装墨线，用木楔子使板上端顶紧，下端用木楔子顶紧墙板底部，就位时要慢速轻放，板缝间应揉挤严密，挤出的专用砂浆应刮平勾实。

（6）复合保温外墙板与主体结构连接固定前，通过连接件上的长圆孔进行墙板安装位置的调整校正，保证墙板排列有序，板缝均匀一致，上下层外墙平直，不应出现错台。在安装过程中，应随时用靠尺及塞尺检查安装后墙板的平整度和垂直度。

（7）安装完毕，经检查合格后，宜在 24h 后用专用砂浆将墙板的底部填塞密实，3d 后砂浆强度达到 5MPa 以上时撤出木楔，应用同等强度的砂浆将木楔留下的空洞填实。

（8）门窗洞口采用扁钢四周加强，竖向扁钢两端与主体结构预埋件焊接，横向扁钢焊接在竖向扁钢上，扁钢与复合保温外墙板用自攻螺钉固定。

2）热桥部位粘贴预制复合保温板

（1）黏结砂浆应在现场配制，应按产品说明书要求的组材配比进行计量，充分搅拌，搅拌好的黏结砂浆应避免太阳直射，一次的配制量在 1.5h 内用完。不得使用已凝结的黏结砂浆。

（2）粘贴预制复合保温板前，应检查预制复合保温板是否干燥、损坏，禁止使用破损板材，必要时进行表面清理。

（3）钢筋混凝土结构梁、柱等热桥部位粘贴预制复合保温板时，应在施工前进行基层处理。基层表面应洁净、坚实、平整，无油污和无脱模剂等妨碍黏结的附着物。凸起、空鼓、疏松部位应剔除并找平。

（4）钢结构梁、柱等热桥部位粘贴预制复合保温板时，应在施工前在梁、柱外侧包覆厚度不小于 12mm 的防火板。防火板可采用纤维增强水泥板、纤维增强硅酸钙板等，并对防火板进行界面处理。

（5）预制复合保温板采用满粘法粘贴，且有效粘贴面积不应小于预制复合保温板面积的 80％。

3）热桥部位锚固预制复合保温板

（1）安装锚栓应在粘贴预制复合保温板 24h 后进行。

（2）预制复合保温板在钢筋混凝土结构梁、柱等热桥部位锚固时，应用专用钻孔机具预先钻孔，钻孔深度应大于锚固深度 10mm，旋入式锚栓不应采用敲击式安装方式。

（3）预制复合保温板在钢结构梁、柱热桥部位锚固时，应采用保温自攻螺钉与固定在钢结构梁、柱上的防火板连接。

（4）锚栓的数量应符合《装配式加气混凝土复合保温外墙板应用技术规程》（T/SDAS 175—2020）第 5.4.2 条的规定。

4）管线安装施工

（1）水、电管线的暗敷工作必须待墙板安装完成 3d 后进行。

（2）在复合保温外墙板内侧墙体上开槽，应按设计要求弹线定位后，采用专用工具开槽切割，管线开槽距门窗洞口不应小于200mm。

（3）开槽时，应沿板的纵向切槽，深度不应大于1/3板厚；当必须沿板的横向切槽时，槽长不应大于1/2板宽，槽深不应大于20mm，槽宽不应大于30mm。

（4）竖向水电配管宜采用半硬质阻燃型塑料管，外径不应大于20mm，管槽背面和周围用A级保温浆料填充密实，表面用抗裂砂浆铺贴200mm宽玻纤网。

5）接缝处理

（1）复合保温外墙板之间的接缝和墙板与主体结构的接缝处理应在热桥保温处理、管线安装完成后进行。

（2）墙板之间的外侧接缝用PU发泡胶填充，墙板与主体结构的外侧接缝填塞PE棒后填充聚氨酯（PU）发泡胶，有防火要求时应填入岩棉，内侧接缝处应采用抗裂砂浆压入玻纤网进行加强处理，玻纤网伸出接缝宽度不小于100mm。

6）保温浆料和抗裂砂浆的配制

（1）保温浆料应严格按照产品使用说明书或供应商提供的配比和制作工艺在现场进行配制。

（2）抗裂砂浆一般为干混砂浆或抗裂胶浆，可直接加入适量水，用专用电动搅拌器搅拌均匀，达到工程所需的黏稠度。

（3）每次配制量不宜过多，并应在产品说明书规定的时间内用完，严禁过时使用。

7）保温浆料找平层的施工

（1）在找平施工前，应及时清理复合保温外墙板和预制复合保温板表面，使表面清洁无污物，弹出找平层的厚度控制线，用保温浆料做标准厚度灰饼。

（2）保温浆料找平应按照从上至下的顺序施工。

（3）保温浆料找平抹灰，可一次抹至与灰饼平齐，抹灰后压实并用杠尺搓平，并修补墙面以达到平整度要求。

（4）门窗洞口四周侧面应采用保温浆料保温，与门窗框之间应预留20mm宽的缝隙用发泡聚氨酯填塞，并用建筑密封胶进行防水处理。

8）抗裂砂浆抹面层的施工

（1）保温浆料找平层施工完成3～7d且验收合格后进行抗裂砂浆抹面层施工。

（2）抗裂砂浆应分两遍施工，第一遍厚度约为2mm，均匀涂抹在保温浆料找平层上，并立即压入玻纤网，待胶浆干至不粘手时再抹第二遍抗裂砂浆，厚度为1～3mm，以完全覆盖玻纤网为宜。

（3）玻纤网应自上而下铺设，横向和竖向搭接宽度不小于100mm。

（4）大面积铺贴玻纤网前，在门窗洞口四角沿45°方向铺贴一层300mm×200mm附加玻纤网。

（5）首层墙面铺贴双层玻纤网，第一层玻纤网应对接，且应加抹一道抗裂砂浆；在阴阳角处，第二层玻纤网的搭接长度不小于 200mm，两层玻纤网之间的抗裂砂浆应饱满。

（6）抗裂砂浆施工间歇应在自然断开处，以方便后续施工的搭接。在连续墙面上如需停顿，第二道抗裂砂浆不应完全覆盖已铺好的玻纤网，需与玻纤网、第二道抗裂砂浆形成台阶形找槎，留槎间距不小于 150mm。

（7）抗裂砂浆施工完成后，应检查平整、垂直及阴阳角的方正，不符合要求的应使用抗裂砂浆进行修补。严禁在此面层上抹普通水泥砂浆腰线、窗口套线等。

（8）抗裂砂浆和玻纤网施工完毕后，不得挠动，静置养护不应少于 24h。在寒冷潮湿气候条件下，应适当延长养护时间。

9）涂料饰面层的施工

（1）在抗裂砂浆抹面层验收合格后，即可进行涂料饰面层的施工。

（2）涂料、饰面砂浆等轻质材料的饰面层施工应符合现行《建筑涂饰工程施工及验收规程》（JGJ/T 29）的有关规定。

6.4 工程案例调研分析

该设计案例位于济南新旧动能转换起步区，地上建筑面积 102000m^3，地下建筑面积 11410m^3。规划建设 13 栋高层住宅、换热站和门卫，包括 4 栋 18 层住宅、5 栋 17 层住宅、2 栋 16 层住宅、2 栋 15 层住宅以及地下 2 层储藏室。

该项目结构形式：住宅为装配式钢框架-支撑结构；换热站、门卫为钢筋混凝土结构。结构设计年限为 50 年，建筑抗震设防烈度为 7 度。外围护系统选用装配式加气混凝土复合保温外墙板系统，复合保温外墙板具体构造为“150mm 厚加气混凝土板＋5mm 厚黏结砂浆＋80mm 厚 SXPS 保温板＋35mm 厚保温浆料防护层”。该项目外墙围护体系已开始样板墙施工，图 6-4 为工地现场拍摄照片。

图 6-4 装配式加气混凝土复合保温外墙板现场施工照片

7　外墙围护体系选用建议

7.1　剪力墙结构外墙围护体系（住宅项目）

7.1.1　方案 1

围护外墙承重部分采用 FS 外模板现浇混凝土复合保温系统（图 7-1、图 7-2），非承重部分采用加气混凝土复合保温外墙板系统（图 7-3）。

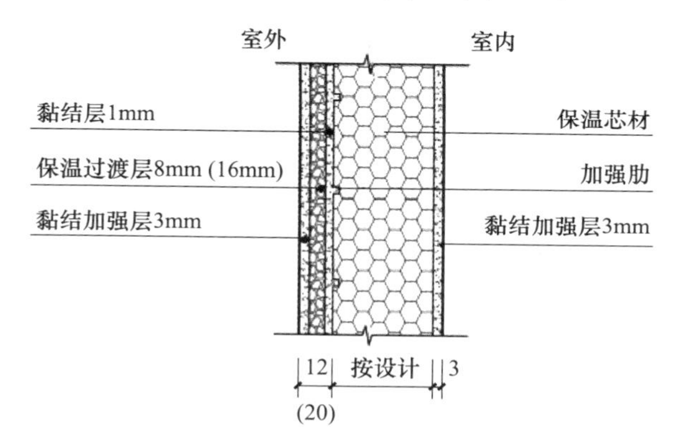

图 7-1　FS 复合保温外模板

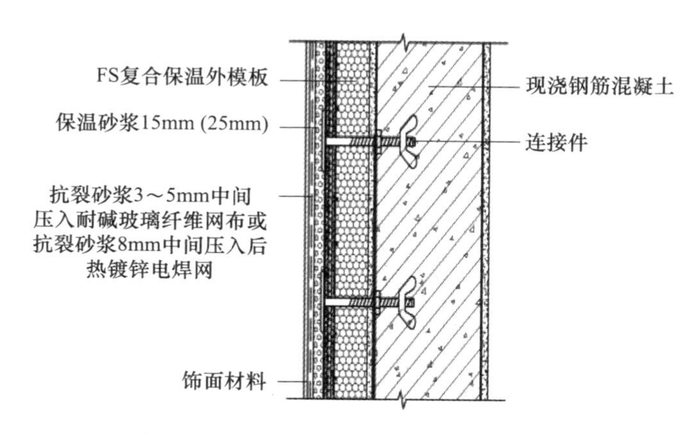

图 7-2　FS 外模板现浇混凝土复合保温系统

该体系特点：

FS 外模板现浇混凝土复合保温系统各构造层间为无空腔构造，且通过连接件将FS复合保温外模板与混凝土牢固连接在一起，解决了传统外墙外保温系统的脱落问题。保温层两侧是防火性能为A级的不燃材料，且厚度均不小于50mm，解决了传统外墙外保温系统防火安全性差、火灾隐患大的问题。

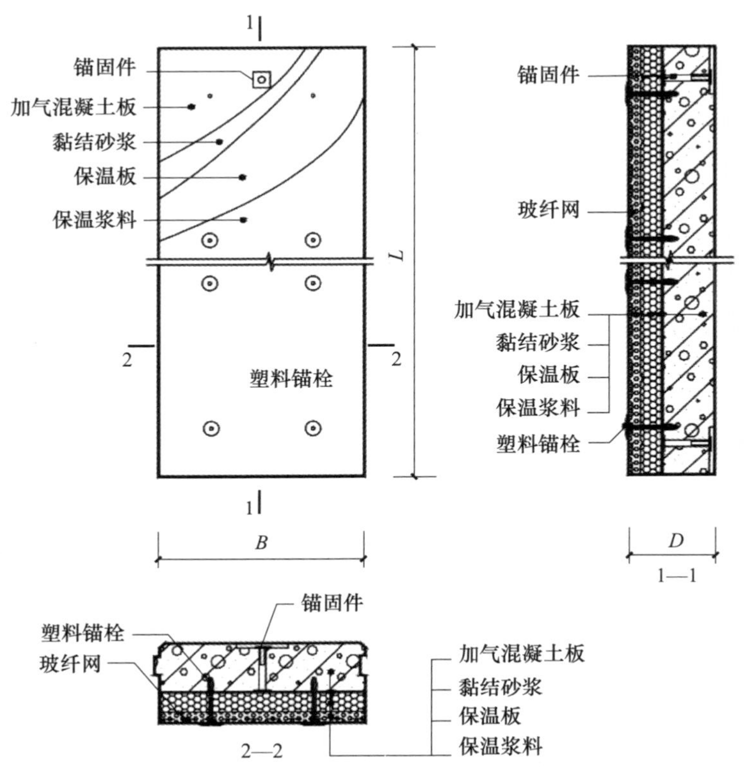

图7-3　加气混凝土复合保温外墙板构造示意图

该体系非承重墙部位采用加气混凝土复合保温外墙板。该墙板各构造层间为无空腔构造，并通过塑料锚栓辅助机械固定，保证各构造层间的连接安全性，解决了传统外墙外保温系统的脱落问题；有机保温板两侧是防火性能为A级的不燃材料，且厚度均不小于50mm，解决了传统外墙外保温系统防火安全性差、火灾隐患大的问题。

按照《装配式建筑评价标准》（DB37/T 5127—2018），该体系装配率评价得8分。

7.1.2　方案2

围护外墙承重部分采用隔离式纳塑外模板现浇混凝土保温系统（图7-4、图7-5），非承重部分采用加气混凝土复合保温外墙板系统（图7-3）。

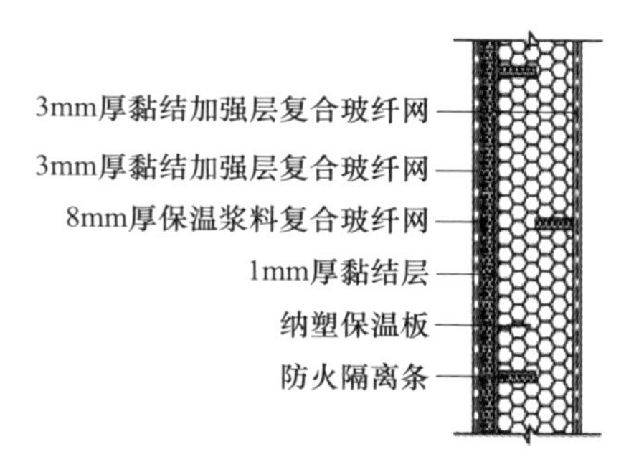

图 7-4 隔离式纳塑外模板

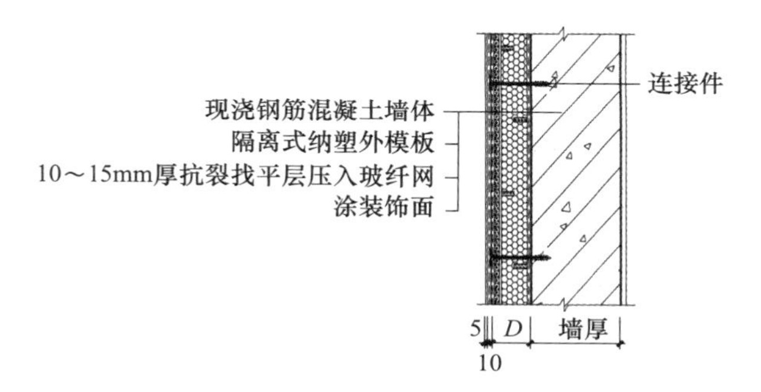

图 7-5 隔离式纳塑外模板现浇混凝土保温系统

承重墙：隔离式纳塑外模板现浇混凝土保温系统。

该体系特点：

隔离式纳塑外模板现浇混凝土保温系统各构造层间为无空腔构造，且通过连接件将外模板与混凝土牢固连接在一起，解决了传统外墙外保温系统的脱落问题。隔离式纳塑外模板燃烧性能为 A_2 级，解决了传统外墙外保温系统防火安全性差、火灾隐患大的问题。

该体系非承重墙部位采用加气混凝土复合保温外墙板。该墙板各构造层间为无空腔构造，并通过塑料锚栓辅助机械固定，保证各构造层间的连接安全性，解决了传统外墙外保温系统的脱落问题；有机保温板两侧是防火性能为 A 级的不燃材料，且厚度均不小于 50mm，解决了传统外墙外保温系统防火安全性差、火灾隐患大的问题。

按照《装配式建筑评价标准》(DB37/T 5127—2018)，该体系装配率评价得 8 分。

7.2 框架结构外墙围护体系（配套公建项目）

7.2.1 方案 1

加气混凝土复合保温外墙板系统见表 7-1。

表 7-1　加气混凝土复合保温外墙板系统

构造层名称		组成材料	构造示意
1	复合保温外墙板	加气混凝土板、保温板、保温浆料	
2	保温浆料找平层	15mm 厚 A 级保温浆料	
3	抹面层	抗裂砂浆复合玻纤网	
4	饰面层	饰面材料	
5	预制复合保温板	保温板＋35mm 厚保温浆料	

该体系特点：

1）解决了传统外墙外保温防火、脱落问题。

2）热工性能优良，可满足超低能耗建筑要求。

3）自重轻，仅为预制混凝土夹芯保温墙板的 1/6～1/4。

4）节点连接构造简单，解决了节点热桥问题。

5）板缝处理简单，施工方便。

6）实现了建筑保温与墙体同寿命。

7）实现了工业化生产，产品质量稳定。

8）解决了墙体钉挂重物与开槽布设管线问题。

9）绿色环保，减少了建筑垃圾及施工污染。

10）按照《装配式建筑评价标准》（DB37/T 5127—2018），该体系装配率评价得 8 分。

7.2.2　方案 2

加气混凝土夹芯无机保温外墙板构造示意图如图 7-6 所示。加气混凝土夹芯无机保温外墙板系统见表 7-2。

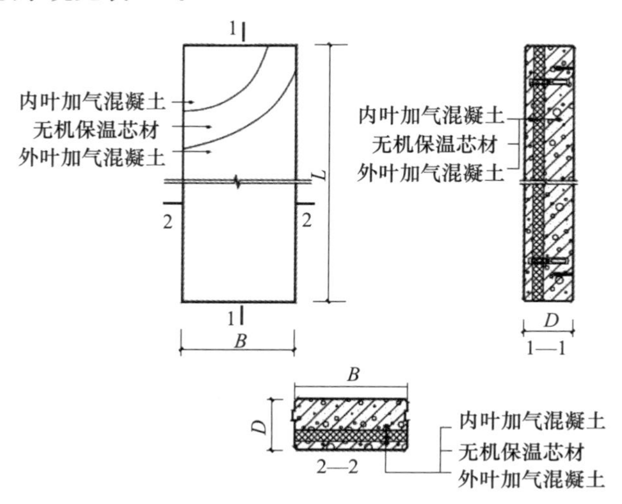

图 7-6　加气混凝土夹芯无机保温外墙板构造示意图

表 7-2 加气混凝土夹芯无机保温外墙板系统

构造层名称		组成材料	构造示意图
1	夹芯保温外墙板	内外叶加气混凝土板、无机保温芯材、钢筋网笼	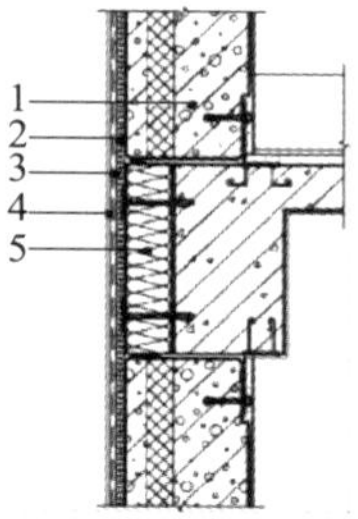
2	保温浆料找平层	10mm 厚保温浆料	
3	抹面层	抗裂砂浆复合玻纤网	
4	饰面层	饰面材料	
5	热桥保温层	竖丝岩棉板	

该体系特点：

1）解决了传统外墙外保温防火、脱落问题。

2）实现了建筑保温与墙体同寿命。

3）热工性能优良。

4）夹芯保温外墙板的质量轻。

5）板缝处理简单，施工方便。

6）节点连接构造简单，生产制作方便。

7）板缝处理简单，施工方便。

8）实现规模化、精细化、工业化生产。

9）资源综合利用，绿色低碳。

10）按照《装配式建筑评价标准》（DB37/T 5127—2018），该体系装配率评价得 8 分。

建筑分析篇

8 预制装配式外墙立面设计策略研究

8.1 研究的背景

我国传统的建筑行业是劳动密集型产业，严重依赖廉价的劳动力，并且存在能耗大、污染高、质量参差不齐等问题。随着国家经济发展，环保节能减排的要求日益提高、人工成本持续上涨、劳动力和技术工人日渐短缺等对国家建筑工业化提出了迫切的改革要求。同时，随着国家相关鼓励政策的出台及技术标准的制定，装配式建筑的发展迎来了新契机。

建筑工业化改革重点在于建造方式的改变，而其不仅涉及施工阶段，从工业化角度出发的设计也是推进建筑工业化的重要组成部分。装配式建筑所提倡的标准化建造体系带来了建筑立面标准性高而多样性低，使建筑立面缺乏灵活性。因此设计中合理地运用工业化建造技术，创造出符合工业化表现逻辑，同时满足建筑形式多样性要求的设计策略是推进建筑工业化的一大要点。因此本章以预制装配式外墙的立面表现为研究对象，重点研究平衡其标准性与多样性的设计策略。

8.2 研究的目的与意义

研究的目的：结合现有技术工艺，分析总结预制装配式外墙作为围护构件在立面表现中的可能性，并将设计手段分类归纳。同时通过对案例中设计手段的分析，提取出工业化建筑立面表现的设计逻辑，进而为国内目前蓬勃发展的工业化建筑提供立面表现方面的设计策略。

研究的意义：通过文献研究与案例分析，探究预制装配式外墙建筑立面表现背后的设计逻辑，为该类建筑的设计提供方法。同时在实践项目的设计中，积极运用分析总结的设计策略，探索预制装配式外墙围护构件在学校建筑中的使用方法，并进一步研究预制装配式外墙构件表现的可能性。

8.3 研究的方法

8.3.1 文献阅读

本研究的文献阅读主要有两个方面：一方面是预制装配式建筑外墙的分类与特征；另一方面是使用预制装配式围护构件的建成案例及其立面设计中使用的设计手法和策略。通过对这些文献的阅读，了解和掌握相关的研究成果与实践经验，进而获得对预制装配式建筑的基本认识，为进一步的分析研究奠定基础。

8.3.2　案例研究

本章收集了国内外使用预制装配式外墙围护体系特别预制装配式混凝土外墙的案例，依据构件形式、构件排布逻辑对案例进行分类归纳，总结出案例中使用的立面表现方法，进而在构件个体与构件组合两个层级上提炼适用于预制装配式建筑的平衡立面表现标准性与多样性的设计策略。

8.3.3　设计实践

结合济南市某小学建设项目的设计实践，初步探索学校建筑的预制混凝土装配式外墙的设计，尝试多种不同的策略。通过归纳总结、方案对比等方法，从该设计实践中探索预制装配式外墙立面表现的更多可能性。

8.4　研究的主要内容

8.4.1　预制装配式外墙类型解析

1）挂板式

挂板式装配式外墙是指外墙的预制构件通过预埋件直接悬挂于主体结构之上，其满足外墙所起到的分隔空间以及其他的功能。外墙挂板按照组成的保温构造层次可分为单叶板（单层板）、单叶板＋保温板（二合一板）、夹芯保温板（三合一板）。外墙挂板是自重构件，不分担主体结构所承受的荷载和作用，其只承受作用于本身的荷载，包括自重、风荷载、地震荷载，以及施工阶段的荷载。挂板式装配式外墙中最常见的是由混凝土材料预制而成的，还有用天然石材、复合胶合板等材料制成的。

挂板式装配式外墙可以按预制挂板的尺寸大小分为：

（1）模块式预制挂板

模块式预制挂板一般尺寸较小，根据设计者的美学要求，按一定比例关系进行排列组合，形成具有一定韵律的界面效果。模块式预制挂板在尺寸的选择上更加灵活，可以根据设计要求进行尺寸的调整，使建筑在整体效果统一的基础上又不乏局部的变化。由于模块式预制挂板变化较多，排列较为灵活，所以连接构造的方法较多，对施工技术要求较高。

美国克利夫兰医学中心利用竖向高度变化的模块式预制挂板，形成了多变的外墙肌理。利用模数规律，以 0.5 个模度为一个单元，渐进产生 12 个模度变化，从而获得 12 种模板尺寸。预制构件浇筑过程中，利用统一的浇筑模具以及隔断，根据立面设计需要，产生了 12 种相似而不同尺寸的外墙挂板，如图 8-1～图 8-3 所示。

图 8-1　入口外观效果

图 8-2　不同高度的预制构件形成的外墙变化

图 8-3　构件安装现场

该案例中针对小模板式预制挂板的设计是利用数控切割技术结合PC（预制混凝土）技术完成的。预制混凝土板天生适合进行数字化设计及制造，使用数控切割模板让3D数字模型可以直接连接到建筑构件的生产工具上，精确控制外墙挂板的预制过程。

巴塞罗那视觉艺术中心（图8-4）利用水平方向尺度变化的外墙挂板完成立面肌理的构成。该建筑坐落于西班牙巴塞罗那Poblenou工业区，共计16层，建筑面积约2400m^2。该建筑延续了奇普菲尔德一贯简洁、立体的设计风格。在外墙挂板设计上，建筑师保持墙板的高度统一，形成明确的层线关系，却在墙板宽度、颜色上做改变，产生两种宽度（W和$W/2$）和三种颜色（浅灰色、土黄色、暗红色），从而得到六种不一样的预制墙板，再进行重构排列，形成逻辑清晰而变化丰富的视觉效果。

图8-4　巴塞罗那视觉艺术中心外观

（2）单元式预制挂板

单元式预制挂板一般以房屋开间和层高为一个单元，将预制外墙板在工厂内预制生产，这样每块挂板都可以直接与主体结构的梁与柱连接，增加了外墙挂板的稳定性，同时外墙的防水及密封等技术构造相对单一，容易控制工程质量，单元式预制挂板近年在住宅的建筑设计及施工中得到了大量的应用。

预制住宅项目，通常在拆分设计之后，根据设计需求，将单元式预制挂板在工厂内预制生产，在预制工程中，将结构、保温、外饰、开窗一体化完成，外墙挂板具有更好的保温性、密闭性，使工程质量得到保障。万科作为我国房地产业领军企业之一，在装配式住宅实践方面有许多成功案例，包括中粮万科假日风景B3号、B4号，浦东新里程20号、21号，万科金域华府等项目（图8-5、图8-6）。

图 8-5　万科金域华府效果

图 8-6　金域华府局部透视图

单元式预制挂板在公共建筑设计领域也经常用到，不同于装配式住宅对功能性的强调，公共建筑中更强调艺术性的表达，ROC Mondriaan Laak Ⅱ学校建筑就是一种单元式预制挂板的艺术性应用，如图 8-7 所示。

图 8-7　ROC Mondriaan Laak Ⅱ学校外观

（3）整体式预制挂板

整体式预制挂板相对于单元式预制挂板，尺度更大，往往占 2～3 个开间宽度，高度上更是覆盖几层。大板式预制外墙挂板的超大尺度带来巨大的自重，所以其连接结构的设计要求更高，并且对预制构件的运输造成困难，因此，对应高层建筑或施工场地交通不便的项目，整体式预制挂板便不适宜。整体式预制挂板巨大的尺度，往往立面呈现极简的整体划分或图案化的整体构图形式。

1989 年，荷兰建筑师科恩・凡・费尔森设计的齐沃尔德公共图书馆（图 8-8），就以整体式预制挂板完成了建筑外墙设计。预制外墙挂板，竖向覆盖 5 层高度，横向占满一个标准柱间，尺度巨大。由于墙板一次预制成型，墙板表面平整、质感统一。设计师对每一块墙板除了很节制地开了竖向或横向窄窗，不做任何修饰。每一块巨大墙板之间形成一条装配施工之后留下的缝隙，完整的墙板和装配所留缝隙形成强烈的对比，暗示了整个外墙设计的施工工艺，是结构构成的外显。完整方正的外立面造型与架空的底层之间，产生了一种沉重的漂浮感，加上混凝土材质的矿石质感，视觉冲击强烈。

图 8-8 齐沃尔德公共图书馆外观

2）嵌入式

嵌入式装配式外墙的主要构成形式是通过杆件形成网架，再将预制外墙板嵌入网架，通过连接构件实现固定。因而，其主要构成元素是结构网架和嵌入构件。

结构网架是装配式外墙的结构支撑，随着参数化设计的不断衍进，结构网架的形式越发多样，从二维网架到三维网架，从简单规则的网架到复杂变化的网架。多变的结构网架使嵌入式装配式外墙具有丰富的表现力。嵌入构件是丰满装配式外墙的围护单元，多以板材形式出现，一般以轻薄的材料预制构成，比如合金材料、纸材、木材等。随着混凝土材料物理性能和化学性能的增强，高强度混凝土产品 GRC（玻璃纤维增强混凝土）、UHPC（超高性能混凝土）也可应用在嵌入构件制作中，使嵌入的方式构成预制装配式混凝土外墙成为可能，并且结合混凝土的可塑性和兼容性，使嵌入式预制混凝土外墙具有更强的表现力。

法国吉博恩茵体育场（图 8-9～图 8-11）就采用预制混凝土板嵌入钢结构网架的形式，完成整个球场的表皮设计。整个表皮面积约 2.3 万 m^2，由钢桁架形成曲面方格网状结构网架，覆盖在球场观演台之上，并以 3600 块预制混凝土板片嵌入结构网架之中，实现外墙包裹。每一片预制混凝土板约 9m 长，呈三角形，中间以冰裂纹形式形成镂空，以减轻预制混凝土嵌板自重。混凝土嵌板交错排列，嵌入网架之内，通过连接角点实现固定。为不影响镂空效果且实现防雨防水，每一块混凝土嵌板在预制过程中，在穿孔镂空处置入玻璃，太阳照射下，在球场上产生奇妙的光影效果。

图 8-9　吉博恩茵体育场内部

图 8-10　吉博恩茵体育场外皮的构件拼接

图 8-11　吉博恩茵体育场构件细部

3）结构式

结构式装配式外墙是一种混合结构与表皮概念的设计表达方式，预制外墙构件既是立面构成元素，又形成建筑主要的承力系统，既表现装配式外墙作为饰面材料丰富表现力，又表现外墙作为结构材料的力学美感，是建筑构件功能模糊化后产生的独特的构件形式。以结构形式构成预制装配式外墙的实践活动很多，可归纳为两种：符合力学线形的小型外墙构件，以及巨构式外墙构件。

位于美国俄亥俄州的辛辛那提大学体育中心（图 8-12～8-14），是由建筑师伯纳德·屈米设计完成的利用预制装配式混凝土技术的建筑。设计为实现建筑立面柔顺扭曲过渡，采用一种小型等腰三角形的预制混凝土构件，并利用构件正反交错排列的秩序，完成整体性强烈的建筑表皮设计。混凝土构件中间镂空部分成为建筑开窗的地方，厚重的混凝土构件和轻盈的玻璃材料，为厚重的混凝土立面带来轻松灵动的观感。

图 8-12　辛辛那提大学体育中心表皮设计图

图 8-13　辛辛那提大学体育中心外观局部图

图 8-14　辛辛那提大学体育中心内部空间

建筑使用 PC 外墙构件形成平滑柔顺的建筑边界。PC 外墙构件形成的三角形网络状表皮，以强有力的形态支撑起整座建筑，产生大跨度，方便内部功能和外部空间的塑造。结构式 PC 外墙模糊了结构与表皮的界限，产生了对立统一的立面语言：576 块具有不同曲率的 PC 外墙构件，内置钢质构件以满足结构强度，装配形成一个极其复杂的钢桁架，并通过架空层的 V 形构件，将力传至地面，同时这也是表皮。

为了保证外墙板构件之间的接合以及三角形网络状曲面表皮的柔顺过渡，设计师对构件进行了精细的设计。构件之间以及构件与层线之间以直线边缘连接，这也是曲率构件自身仅有的直线形态。每个构件自身曲率不一，精确地与整个表皮设计贴合，这也反映了预制生产和装配施工带来的对设计的精准把控。

美国哥伦布科学馆（COSI）（图 8-15、图 8-16），采用巨构式外墙构件，完成立面结构一体化外墙系统的设计。该科学馆利用巨构 PC 外墙构件完成建筑立面及造型的设计，整个外墙设计共用 158 块巨构 PC 构件，组合延伸最大长度达 274m。每片巨型墙板呈现椭圆形的规则曲线，以中轴对称的形式向两端发散，并以拟态回旋曲线的方式组合。PC 外墙构件形成建筑椭圆状造型，由于尺度巨大以及自身曲板形态，向建筑内倾斜最大处近 2.4m。预制墙板由 500mm 厚的主体结构和 125mm 厚的外饰保证建筑平滑的外在肌理。预制外墙板通过两道室内大梁加固，同时外墙板也以主要承力部件的形式，承载了建筑的钢屋顶框架及其覆板。

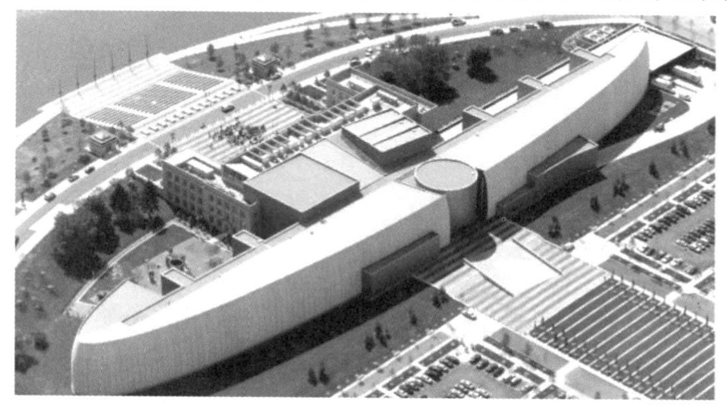

图 8-15　哥伦布科学馆鸟瞰

(a)

(b)

图 8-16　哥伦布科学馆外观

8.4.2　预制装配式外墙立面表现的标准性与多样性的矛盾

1）立面表现的标准性

标准性是装配式建筑立面表现的一大特征，装配式建筑相对于现场浇筑的混凝土建筑主要的优势在于人工、时间成本的减少以及质量的提高，装配式建筑在这些方面的优势来源于大批量生产制造相同的构件，然后现场安装，因而构件的标准性在很大程度上决定了优势的大小。

对预制混凝土构件，生产的成本主要在于模具的成本，而模具种类和模具使用次数则决定了模具成本的高低。构件的标准性越高意味着构件种类越少，也就意味着工厂内浇筑混凝土的模具数量更少，模具的重复利用次数也更高。因此，预制装配式建筑外墙的立面表现需要关注构件的标准性问题。

在美学与标准性之间往往存在矛盾，过度追求标准性会导致立面常常只能呈现重复的形式，缺少变化，除了少数建筑外形是追求统一重复效果的，大部分建筑都需要有变化的立面形式。同时，标准性会限制建筑造型，简单造型的建筑能够被少量种类的构件覆盖，复杂造型的建筑则会存在更多需要特殊构件的地方。所以，标准性的高低与预制装配式建筑立面表现密切相关。

2）立面表现的多样性

多样性是影响装配式建筑立面丰富度和表现力的另一重要因素。标准性是工业化建筑立面表现的重要特征，但不应成为立面表现的约束因素，大量重复的形式不应该成为工业化建筑唯一的立面特征，过度追求标准性会限制造型。在单纯考虑构件种类多少的情况下，多样性与标准性之间是矛盾关系。毫无疑问，更多的构件种类必然意味着立面多样性的提高。但影响多样性的因素有多种，构件的标准性只限制构件种类的数量，并不约束构件的形式，在构件形式与构件排列等层面，标准性与多样性之间的关系并非完全对立。

所以，从构件形式及构件排列与组合的层面入手，能够平衡标准性与多样性之间的对立关系，进而规避标准性对立面表现的限制，为工业化建筑立面造型提供更多可能。

8.4.3 平衡预制装配式外墙的立面标准性与多样性的设计策略

平衡多样性与标准性的设计策略都可以归入构件个体策略与构件组合策略两个层级内。构件个体是第一层级的多样性策略，构件组合是第二层级的多样性策略，组合效果是建立在构件个体性质基础之上的。两者在设计决策中并不存在先后顺序，一个立面表现方案可以出发于构件个体的设计，也可以先构思群体秩序再划分出个体。两者相互影响，密切相关，同时较好运用两个层级策略的设计能够获得丰富而又整体的立面效果。

预制混凝土装配式外墙是最为常用的装配式外墙形式，现以预制混凝土装配式外墙为代表，对装配式建筑外墙的立面表现的多样性与标准性设计策略展开讨论。

1）个体策略

（1）构件材料特性及表面处理策略

①构件材料特性策略

预制混凝土装配式构件其混凝土自身的材料属性，是预制构件的最基本属性。对表现方面有影响的混凝土属性主要有颜色、质感两方面，这两者是由混凝土中的水泥、集料及是否添加颜料所决定的。

水泥主要有灰水泥与白水泥，两者可单独或混合使用，主要影响构件表面的明度。清水混凝土的表现效果就单纯来源于水泥，PCI 在 *PCI-Architectural Precast Concrete Design Manual* 中强调，灰水泥由于浇筑时无法保证构件各处混凝土的含水率完全相同，因此几乎无法获得色调完全一致的灰色清水混凝土表面。白水泥成品颜色与混凝土含水率无关，所以能够实现统一的白色表面。

集料是影响构件颜色与质感的最主要因素。经过精选的各种集料能够提供大量的色彩选择，而且集料的折射率等性质也能在构件表面表现出来（图 8-17）。由于只有在构件朝向外部的表面，才需要根据设计需求而使用特殊的、带有色彩的集料，构件其他部分使用的混凝土却不需要如此特殊，所以在浇筑构件时普遍采用构件外表面朝下的方式分两次浇筑。第一次使用特殊集料、配比浇筑构件外表面层，然后使用普通配比的混凝土浇筑后部，这样能够最大限度地节约原料成本。当构件形式或其他原因导致构件无法使用外表面朝下的方式浇筑时，则只能选择全部使用精选集料的混凝土浇筑或放弃使用精选集料的表面效果。一个构件表面的不同区域还能够使用不同集料的混凝土浇筑，这只需要在模具上设置浅分隔条或浅高差（图 8-18），保证面层混凝土浇筑时不会相互混杂，最后统一浇筑后部混凝土。不同面层的搭配使用可以极大地提高构件表面的多样性。

图 8-17 混凝土集料

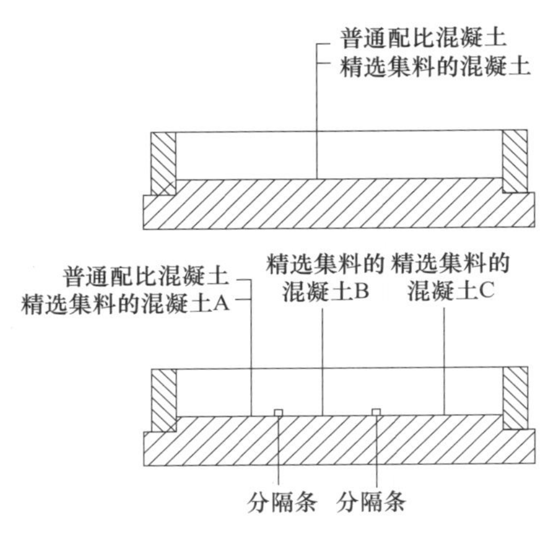

图 8-18 精选集料在构件中的局部使用

此外，使用颜料也是获得色彩的方式之一。颜料的色彩范围比集料的色彩范围更大。但是色彩均匀度依然会与灰水泥的性质相关，难以获得完全一致的表面。使用不同的颜料和集料的混凝土是增加预制混凝土构件立面可变性的最简单易行的策略之一。这两种策略能够使用相同的模具，在完全保持标准性不变的情况下，增加立面变化。

伊利小学特许学校（Erie Elementary Charter School）在体育运动功能体块的外部使用预制混凝土墙板。立面板的排布犹如堆砌的体块，形成有趣的形象。在建筑的转角处，建筑师使用了 L 形拐角的构件来强化立面的堆砌概念（图 8-19、图 8-20）。不同的立面板使用不同的彩色混凝土浇筑，略带灰度的色彩与校园的氛围相呼应，活泼而不刺激。虽然建筑整体的构件标准程度不高，但没有洞口的平板模具制造工艺简单，而且构件总数量较少，使该项目在有限的预算下得以实现。

图 8-19 局部立面效果

图 8-20 构件细部交接

美国奥克兰大学卡劳公园学生公寓（Carlaw Park Student Accommodation）项目为了丰富立面效果，使用不同色彩的预制混凝土构件的策略。该策略的优点在于不增加任何模具，且无须对模具进行改变。不同的建筑体块分别使用两种色彩方案：一种使用白色立面板与窗构件，另一种使用不同明度的三种暖色立面板与窗构件。三种暖色立面板的排布顺应窗位的排布规则，强化主体基调。该项目在简单的构件排布中，使用不同的色彩，显著强化了建筑外观的表现力，而且保证了极高的构件标准化程度，如图 8-21 所示。

(a)　(b)

图 8-21　奥克兰大学卡劳公园学生公寓局部外观

②构件表面处理策略

预制混凝土构件的表面处理方式主要有涂刷缓凝剂、酸洗、喷砂、抛光、凿毛、数控雕刻等，其中涂刷缓凝剂、酸洗属化学方式，后四种是物理方式（图 8-22）。从处理后的效果来看，涂刷缓凝剂、酸洗和喷砂效果较为类似，都能根据处理程度分为轻度、中度、重度三种等级。

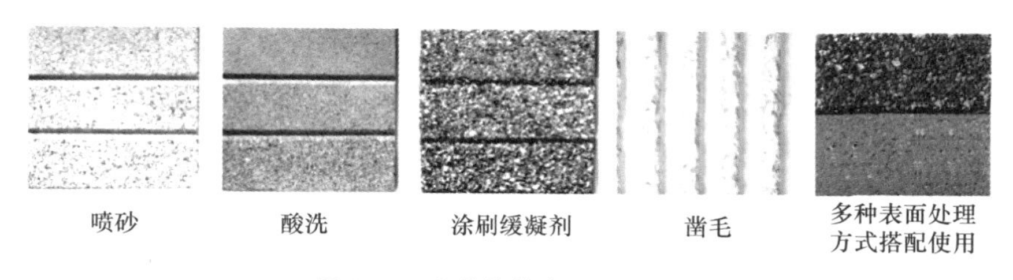

图 8-22　几种构件表面处理方式

在构件浇筑前，可在模板表面涂刷缓凝剂。缓凝剂能够减缓水泥的凝固速度，在其他部分混凝土都凝固成型后，将构件脱模，使用高压水枪将表面未凝固的水泥冲去，这样便可露出粗集料，有效地突出粗集料的自然颜色和光泽。酸洗是通过酸液对构件表面水泥的腐蚀来暴露砂子和粗集料的处理方式，重度酸洗会对粗集料产生腐蚀，所以一般使用轻度或中度酸洗。喷砂则是通过对构件表面的磨损来暴露集料的处理方式，硬度较低的集料在喷砂过程中磨损得更为严重，突出的集料边角会被磨成圆弧。抛光可以使构件表面产生反射效果，搭配反射率高的集料时还能够产生更加闪耀的反光。凿毛是在构件完成后由人工使用器具凿出粗糙的表面。数控雕刻是大型数控雕刻机出现后带来的新方法，灵活性极高。需要考虑的主要是雕刻作业量的重复性问题，因为使用模具内衬板的方式与雕刻的方法效果相似，而且使用数控方式雕刻衬板能够得到完全一样的效果，衬板也可反复使用。在生产大量相同构件的情况下，数控雕刻的方法不如模具衬板经济。所以数控雕刻适用于小量构件或构件各不相同的情况，但是大量不相同的构件又容易导致生产耗时过长。这些都是需要建筑师根据项目进行权衡的。

表面处理策略是在构件浇筑成型后对构件表面进行处理，该策略对标准性毫无影响，工艺简单。几种构件表面处理方式都能够相互搭配使用在同一个构件上，形成多种不同质感的表面，实现立面设计的多样化。若干种不同处理方式的表面搭配使用即可产生图案或纹理。

（2）模具策略

模具是实现预制构件生产的前提。图 8-23 为模具常见类型，通常一种模具只能生产一种形状的构件。最常用的是平板模具，生产出来的也是平板构件。折板、圆弧以及更复杂的凹凸形状都能够使用各种不同的模具来实现，形状越复杂则模具费用越高。部分形状复杂的构件需要底部模具和上部模具共同“夹持”成型，上部模具必须可以移除然后将构件脱模，所以在每个构件生产时上部模具都要重复地定位，这会增加构件生产的人工、时间成本。

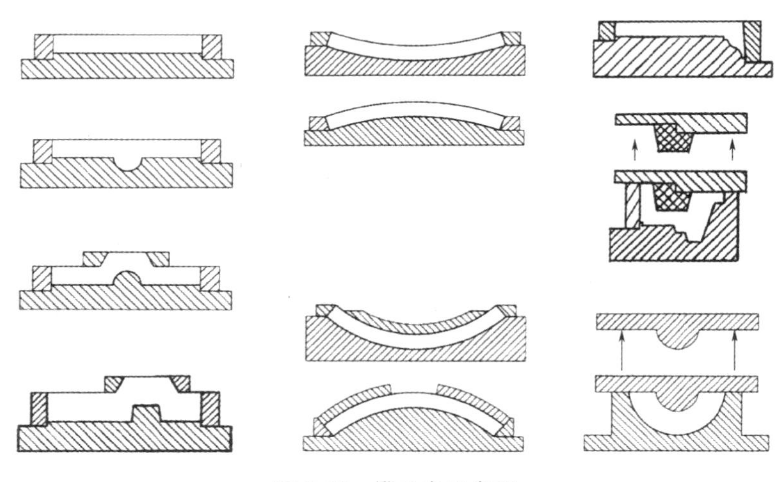

图 8-23　模具常见类型

固定模具只能生产特定形状的预制构件，而变化的模具可以生产相似而有变化的预制构件，从而丰富构件种类，形成丰富的立面效果，常用可变策略可归纳为可变模具和模具衬板。

①可变模具

可变模具是指在一个模具上生产多种不同的构件，通常可以在母模具上使用可变动位置的挡板生产多种相似的构件（图 8-24）。这种方法能够节约模具费用，有效地降低构件造价，应用范围很广。

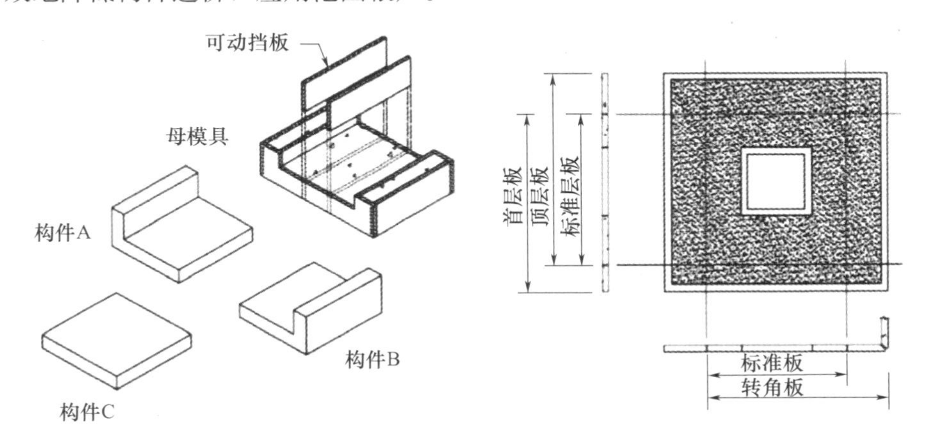

图 8-24　可变模具示意

洞口的变化是可变模具中最常见的类型，即生产外轮廓相同、中间洞口不同的构件，在外部封闭的母模具内，根据要求固定不同的洞口模具，然后浇筑，只需要更换内部的洞口模具，即可制作不同洞口的模板。众多使用该策略的建筑实例，洞口大小与形状各不相同，但呈现出不同的立面效果，可见该策略使用灵活，适用范围广。

路易斯·布莱里奥特国立高等学校扩建（Lycee Louis Bleriot Extention）项目使用菱形预制混凝土构件。该建筑方形的体量是使用菱形与三角形构件相互配合而围合起来的。在菱形构件上，开有大小不一的菱形洞口，洞口在立面上所占比例较小，配合素色的混凝土表面，形成坚实的观感，如图 8-25、图 8-26 所示。

图 8-25　建筑外观

图 8-26　局部建筑立面

洞口在构件上的大小与排布是由模数控制的。菱形的每个边被划分为四等份，而菱形洞口有大、中、小三种尺寸，大尺寸洞口对应构件边长的 3/4，中尺寸的对应 1/2，小尺寸的对应 1/4，相邻洞口之间由相同宽度的间距隔开。洞口排布均按照模数网格排布，因此所有洞口的边都是相互对齐的，一个中尺寸的洞口可与四个小尺寸洞口互换（图 8-27）。菱形构件都能够使用相同的底模浇筑，其上的洞口通过定位摆放洞口模具来产生（图 8-28）。三角形构件在建筑上端与下端是通用的，左右两侧的也是相同的，可以旋转 180°安装。因此该围护体系具有很高的标准性。

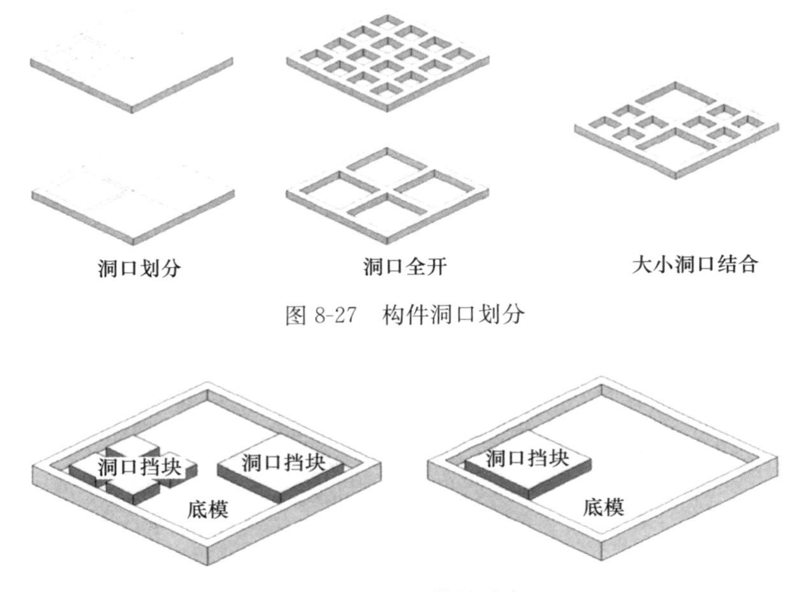

图 8-27　构件洞口划分

图 8-28　洞口模具示意

宽度相同、长度不同的相似构件的生产也是可变模具使用的常用策略。只要制作一个足够长的带有三个封闭边缘的母模具，再加上一道可以滑动的边缘挡板即可实现。

前文所述美国克利夫兰医学中心，利用宽度一定、竖向高度变化的模块式预制挂板，形成多变的外墙肌理。同时利用模数规律，以 0.5 个模度为一个单元，渐进产生 12 个模度变化，从而获得 12 种模板尺寸。预制构件浇筑过程中，利用统一的浇筑模具以及隔断，根据立面设计需要，产生了 12 种相似而不同尺寸的外墙挂板。

②模具衬板

插入衬板即在模具内部表面放置分隔条、挡块来形成构件表面凹凸的变化（图 8-29）。该方法与可变模具有类似的地方，在一个母模具内放入不同的衬板，就能生产形状相同但表面凹凸不同的构件。衬板的形式十分多样，可使用平板状的、条状的、浮雕的等。结合数控雕刻或 3D 打印技术还能够制作细节丰富、造型复杂的衬板。

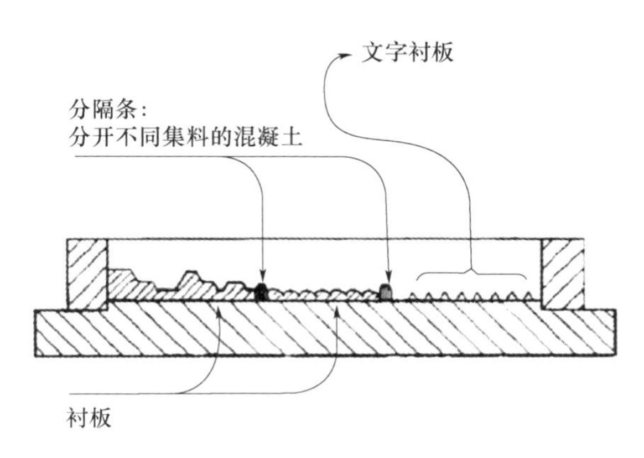

图 8-29 模具衬板示意

预制构件表面的纹理能够依靠模具上放置的衬板来产生，外形相同但纹理不同的构件能够在相同的模具中放置不同衬板来生产。混凝土材料的可塑性，让预制混凝土构件的表面纹理样式可以千变万化。根据设计意图，不同的纹理能够产生迥然不同的效果，极大地扩展预制混凝土立面表现的可能性。

爱慕内衣品牌北京顺义厂房（Aimer Fashion Factory）整体为矩形体块，内部含有一条曲线内街（图 8-30、图 8-31），预制混凝土面板主要用在内街四周。鉴于内街两侧自由的曲线形式，建筑师选择了将构件宽度尺寸减小、将曲线化整为零的方法，产生竖条状的立面排布。预制混凝土构件使用两种宽度，而且层与层之间的排布并不对齐，形成错缝的效果。构件的高度则因所在楼层的高度而不同。

图 8-30 厂房外观

图 8-31 厂房曲线内街

在内街预制混凝土构件的表面，使用三种纹理来丰富立面，三种纹理分别为平滑、竖向浅凹槽及竖向深凹槽（图 8-32、图 8-33）。凹槽可以通过在模板内加焊钢筋等方法轻松实现，而不需要复杂的工艺。这三种纹理，使构件远看呈现类似三种灰度的效果，近看则更富有细节。该项目使用小尺寸的构件为较高的标准性奠定了基础，每种模具的使用次数都较多。同时产生立面变化的竖向凹槽，也只需要对基本模具进行少量加工即可生成，是一种简单易行的变化策略。

图 8-32　内街透视

图 8-33　内街纹理

（3）嵌入其他材料策略

混凝土以外的其他材料必然带有混凝土不具有的特殊属性，而混凝土的可塑性为嵌入其他材料提供了便利。新材料的嵌入能够带来全新的变化效果，特别是金属、玻璃等材料在光线下的不同表现，弥补了混凝土灰暗的缺陷。

嵌入材料的方法：在浇筑混凝土之前，通常是在模具内部摆放好需要嵌入构件表面的物体，在构件浇筑完成后这些物体就镶嵌于构件表面。该方法最早被用来模仿砖墙，工人将砖整齐地排在网格中，构件浇筑完成后表面就带有砖块。不仅是砖块，面砖、石材都能够镶嵌在构件表面，石材背后需要安装小铁件来帮助固定。卵石和石块、板岩等厚度较大、表面不平整的物体，在镶嵌时需要使用埋砂（图 8-34）的工艺，就是将这些物体在模具上摆放好后，在物体间缝隙内均匀地填充一定厚度的砂子，然后浇筑混凝土。砂子的存在阻挡了混凝土对物体的包裹，避免对物体表面的污染。砂子的厚度与这些物体需要嵌入多深才牢固有关。嵌入物体的方法灵活性也很高，既能创造仿古效果，又能结合金属、玻璃、塑料、毛石（图 8-35）等新型材料创造出新奇的效果。

图 8-34　埋砂工艺

图 8-35　嵌入毛石

法国电力公司档案馆（EDF Archives Centre）（图 8-36、图 8-37）独特而富有表现力的立面使用了专利技术，反映建筑师将建筑积极融入环境的意图。预制构件表面的镜面圆片在自然环境中完美地反射了周边景色，建筑简洁的体量伫立于旷野中，体量表面糅合景色与建筑本身，既融入环境又未完全消融于其中。

图 8-36　档案馆外观

图 8-37　局部立面

立面上共使用了 12 万个镜面原色不锈钢构件，每个构件直径为 7cm，厚度为 1mm。这些不锈钢构件根据分布要求摆放于模板内，与预制混凝土板一同浇筑，通过背部的钢片牢牢嵌固于混凝土中。预制混凝土构件脱模后使用水枪冲刷表面即可露出镜面的圆片（图 8-38）。

图 8-38　预制外墙板生产工艺及施工安装

整个立面使用66块预制立面板，分为两种尺寸：高为15.65m，宽为2.26m或2.23m（取决于是在建筑长边还是短边）。该建筑立方体的造型，以及不需开窗的功能为高度标准化创造了条件。立面独特的做法超越了只对混凝土自身表面进行处理的传统范围，创造性地加入金属材料，最终在丝毫不影响构件标准化的情况下呈现出丰富变换的效果。

（4）数控技术策略

预制混凝土与数控技术的结合运用主要体现在模具方面，因为混凝土的可塑性几乎能适应各种造型的模具，而数控技术则能够制造比传统模具更为复杂精细的模具。使用数控雕刻机也能适当处理少量预制混凝土表面，但过多的雕刻部分会导致雕刻的时间与效率低于直接使用复杂模具浇筑的方式。需要指出的是，数控技术并不会决定建筑的标准性高低，而是为造型提供了更多可能。

Edithvale湿地探索中心（图8-39、图8-40）位于澳大利亚墨尔本郊区，建筑师为其设计了仿生学的建筑外观。建筑立面使用的预制混凝土构件上布满了形式各异的凹槽，相邻构件上的凹槽是完全不同且相互连接的，4块相邻的立面板会组成一个基本的图案重复单元。该项目总共使用40块构件，合计约300m²。这些构件表面错综复杂的图案是项目最大的难点，构件生产商使用了5轴数控雕刻机，利用三维模型信息准确地雕刻中密度纤维板来生产模具，模具总共有四种，每个图案对应一种。由于立面构件外形并不完全相同，因此在浇筑时还在模具内使用了挡板，以制造不同边缘形状的构件。

图8-39 Edithvale湿地探索中心外观

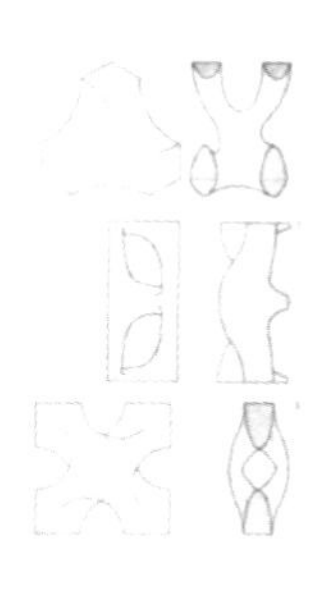 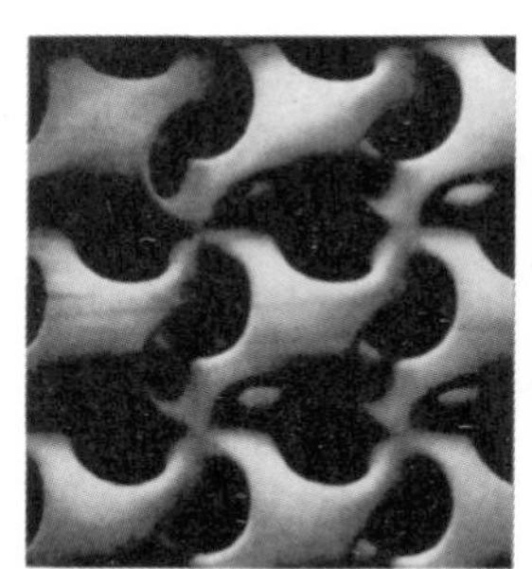 

图8-40 数字化建造模型与施工

2）组合策略

（1）安装策略

同一种构件使用不同的安装方式，是在不增加构件种类的情况下产生立面变化的一种策略。

①水平与垂直

水平与垂直的安装方式，要求构件的形状呈方形等中心对称形状，使构件在90°旋转后依然能够安装于原有的模数网格中，其他形状的构件则在旋转后难以符合原有的安装网格，因而这一策略的使用并不常见。

诺韦尔达服务中心（Server Center in Novelda）大面积的素色混凝土板构成该建筑主要的外观。这些混凝土板没有表面装饰，形状为明确简单的矩形，是利用构件安装方式产生立面变化的典型案例。该建筑不同的立面使用了两种不同尺寸的矩形构件，较细长的安装于通透的界面，较宽的则作为山墙面及封闭的立面。细长构件的安装方式是立面变化的来源，在朝向街道的立面上，建筑师分别在上下两个体块上使用了水平与垂直两种安装方式，形成对比，并且板与板之间在部分位置留有空隙，产生了微小的纹理变化（图8-41）。在该项目中，同种构件使用了水平与垂直的安装方式，策略简单，标准性程度高。

图8-41　服务中心沿街立面构件水平与垂直安装

②上下颠倒

上下颠倒是最为常见的旋转安装方法，因为常用的矩形构件在180°旋转后仍然能与未旋转的构件一同排布，如构件在高度尺寸上都与层高相关，上下颠倒依然符合层高，旋转与未旋转构件的组合排列使一种构件获得两种表现，达到丰富立面的效果。

意大利那不勒斯办公楼及物流中心（Office Building and Logistic Center），只在主立面上使用了预制混凝土构件。这些构件呈现凸起的折面体，立体感极强，阳光下光影丰富，犹如石块。构件的外部尺寸严格按照模数设计，最小的构件是一个基本模数，长条构件的尺寸为两个最小构件，最大构件的尺寸为四个最小构件，严格的模数划分使这些构件在排布时能够轻松拼合在一起。在需要开窗的位置，部分构件上最大的折面被打开，形成窗洞。构件以上下颠倒的方式排列，由于每个构件都有两个角度不同的斜面，因此上下颠倒后增强了整个立面的丰富性（图 8-42、图 8-43）。

图 8-42　办公楼及物流中心整体外观

图 8-43　办公楼及物流中心立面局部

③镜像

镜像安装的主要问题是，两种相互镜像的构件不能使用相同模具制作，因此该策略要求互为镜像关系的两个构件需要制作互相镜像的模具，相应会带来标准构件种类的增加，因而相较于前两种安装的策略，该策略的标准性在一定程度上有所降低。

英国伯恩特伍德学校（Burntwood School）新建了 6 座建筑，其中 4 栋使用预制混凝土作为围护体系。该建筑立面使用由四边向窗洞凹进的多面方框形式的大尺寸构件（图 8-44、图 8-45）。

图 8-44　学校建筑立面外观

图 8-45　学校建筑立面局部

由于学校中的教室是模块化的，所以所有教室外部的预制构件外部尺寸都是相同的，宽度为 7.5m，高度与层高相同。安装在教室外部的构件含有一大一小两个窗洞，在排布的时候，同层教室外部使用的构件方向是相同的，相邻的楼层构件则呈左右镜像关系。除教室以外的其他功能空间外的构件使用带有不同窗洞的构件。以东立面为例，分析其构件的排布方式：该立面主要使用包含一大一小两个窗洞的A构件与两个同样大小窗洞的B构件，在三层使用A、B构件，二层与四层则使用左右镜像后的A1、B1构件（图8-46）。

图8-46　预制构件的排布组合

总体来看，该项目的构件种类在十种左右，由于建筑总量大，因此每种构件的数量并不少，其中教室外的构件是使用最多的。建筑师除了依靠增加构件种类来增加变化，还使用旋转安装、涂刷不同色彩两种方式。

（2）群组排列策略

①重复

a. 同一构件的重复

米拉雷斯和妻子共同设计的苏格兰议会大楼（图8-47、图8-48），采用工厂中批量预制完成的“厂”字形混凝土预制外墙板。米拉雷斯通过对这种预制构件的重复使用，带给观者以很强的阵列感，同时应用混凝土、金属、木材等材料。这种形式的预制构件无处不在，仿佛在无时无刻提醒着人们它的存在一样。通过不同材料以及不同部位的预制构件的重复使用，米拉雷斯尝试用统一的形式构建不同寻常的韵律。

图8-47　议会大楼建筑外观

图8-48　议会大楼立面局部

IBM研究中心（图8-49）同样使用预制外墙板。这种混凝土板沿立面横向展开排列，而且具有一种凹凸线条纹理。该建筑立面上形成一种重复的韵律性，这种韵律性不仅在预制外墙板的形体和窗口上得以体现，在预制外墙板的细部凹凸设计过程中也能得以强化，从而使整栋建筑具备一定的统一性，并且不显单调。在预制构件的重复利用过程中，无论是混凝土自身具备的可塑性，还是工业时代的重复美学，都得以充分展现。

图 8-49　研究中心局部外观

b. 同一模数的重复

大卫·奇普菲尔德善于运用模数化的预制外墙板设计思路来构建排列与组合，通过在模数上的变化表达更为丰富的效果。其采用模数化预制外墙板的代表作是马德里社会住宅项目（Madrid Social Housing），9 层建筑中共设置 176 个独立的单元，通过空间来完成墙板的预制，并在外墙板的制作中采用横向板材和基础外墙板。板材模数方面也由两种构成，一是与窗口尺寸相同，二是窗口尺寸的两倍，其目的是更好地满足内部空间的需求，对室外照明也比较有利（图 8-50、图 8-51）。外墙板在进行细化时并不完全相同，运用肌理变化在不破坏整体效果的情况下，使立面的效果更强。

图 8-50　住宅项目整体外观

图 8-51　住宅项目局部立面

前文所述的西班牙巴塞罗那视觉艺术中心外挂墙板设计上，建筑师保持墙板的高度统一，形成明确的层线关系，却在墙板宽度、颜色上做改变，产生两种宽度（W 和 $W/2$）三种颜色（浅灰色、土黄色、暗红色），从而得到六种不一样的预制墙板，再进行重构排列，形成逻辑清晰而变化丰富的视觉效果。从视觉方面分析，外墙带来的视觉特征比较复杂，但实质上这种错综复杂的外观是经过精心策划的，通过模数统一的板材在尺寸和颜色等方面的不同进行组合与搭配，从而产生丰富的视觉效果（图 8-52）。

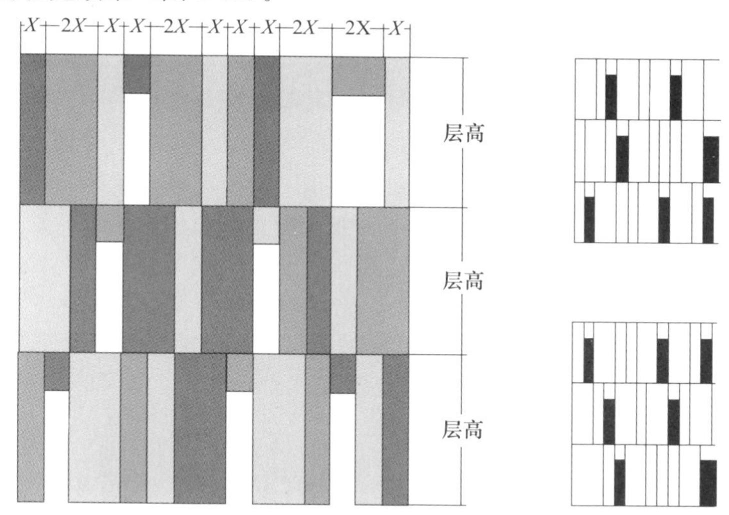

图 8-52　相同模数下宽度变化的墙体构件重复

c. 图形图案的重复

赫尔佐格和德梅隆设计的尼克拉厂房，使用了图形图案复制方法，如图 8-53 所示。该建筑采用丝网印刷技术，印刷的图像是艺术家波劳斯福德摄影集中的植物图案。经过多次试验，最终确定了图案的比例。在设计过程中，树叶形图像并没有传达任何象征意义，建筑师只是通过图像的极端重复，体现出完全不同的建筑外墙的表现特征。尼克拉厂房的预制外墙采用这种图形性符号的重复，把我们生活中所熟悉的图形转化成为全新的艺术形式。

图 8-53　尼克拉厂房植物图案外墙

②渐变

渐变是基本形或骨格逐渐的、有规律性的变化。渐变的形式给人很强的节奏感和审美情趣。

a. 编织肌理下的渐变

阿格斯水泥厂发电机房项目，使用预制混凝土构件形成类似竹篱编织的立体化效果，而构件种类只有两种，即等腰三角形与直角三角形。等腰三角形构件由两个直角形构件短边片相贴拼成。在立面排布上两种构件拼成两种竖向单元，第一种竖向单元由一个等腰三角形构件和两个直角三角形构件组成，两个直角三角形构件分别位于上下。另一种竖向单元则由两个等腰三角形构件组成，这两种竖向单元交替出现，波峰与波谷相互错叠，形成类似编织的效果（图 8-54）。

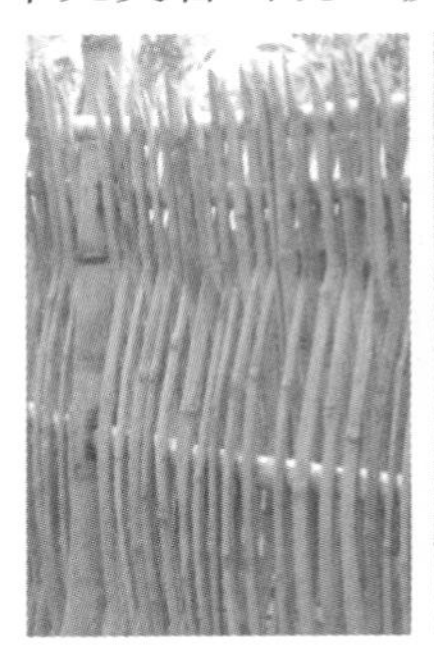

图 8-54　构件交错渐变形成编织立面

b. 模拟自然下的渐变

由 DBI Design 建筑事务所设计的（波浪住宅楼 The Wave Residential Tower）（图 8-55），位于澳大利亚昆士兰的黄金海岸，为了更好地与周围的环境相融合，该建筑利用预制外墙板来模拟海浪形成渐变的形态，玻璃在日光的照射下，呈现微微的淡蓝色，与波浪形外墙板共同形成梦幻般的海洋世界。

图 8-55　海浪形态的立面渐变

c. 折叠形态线下的渐变

折叠在建筑中并不少见，折叠的外墙容易在室内创造特别的空间，如教堂内部形成的折叠空间，带有向上的动势，而有时可能仅为了打造外在的形象表现力与室内空间无关。当折叠手法在预制外墙建筑中重复出现时，通过预制装配式外墙所形成的折叠，板材与折痕体现出一定的渐变效果，使外界面产生一种动态，激发预制外墙的表现特征。

慕尼黑纺织办公楼坐落于德国慕尼黑北边的一个工业区，其标志性特点是其几何折叠的立面——立面生动、丰富的光影变化使简单的体量产生了变形效果。综合考虑预加工、短工期和经济效益三个因素之后，设计师选择一种中空的混凝土立面。这样总共只需要制作四种不同的模板，尺寸为 6.6m×3.9m，带有外表皮、隔热层以及结构板的模块先在工厂定制，再送到施工现场。精心计算装配的序列，使模块像智力游戏一样互相结合起来，形成丰富的立面效果（图 8-56～图 8-58）。

图 8-56　办公楼建筑外观

图 8-57　办公楼建筑立面

图 8-58　办公楼建筑构件接缝

(3) 多边形组合策略

多边形组合策略是构件群体性质与构件个体性质结合得最为紧密的策略，群体组成由个体形状所决定，这决定了该策略最为依赖设计。多边形构件的主要设计难点在于如何设计一种或几种形状能够在排布中使构件间相互咬合，从而形成整个立面。这种咬合可以是构件间准确的对接，也可以借助窗洞，在构件咬合的位置留下洞口。此外，多边形构件存在一个问题，即在立面的边缘，为了形成平直的立面边界，会出现非标准单元。

由于构件的形状种类很多，所以该策略的变化极其丰富，能形成的效果也各不相同。多边形构件自身的形状已经较为复杂，因此其具有减弱重复感的优点，经过精心设计的多边形组合立面，能够使一种标准构件以及几种边缘非标准构件获得毫无重复感的表现效果。

澳大利亚国立大学约翰科廷医学研究院多边形的构件组合形成的外观具有较强的视觉冲击力。这是一个教学研究建筑，设计师在该项目中结合使用预制混凝土与金属两种材料，预制混凝土构件作为窗间墙嵌在立面上。预制混凝土构件的形状是在矩形的基础上伸出一段“尾巴”，二层与三层的构件呈 180°旋转的关系，而两者的“尾巴”则在二层与三层之间准确地拼合在一起（图 8-59）。白色的预制混凝土构件在深色的其他板材的衬托下分外明显，体现建筑师将这一异型构件作为立面的主要特征突出强调的意图。此外，为了呼应建筑的医院研究功能，预制构件的表面带有 DNA 双螺旋结构及 DNA 碱基对的浮雕作为装饰，这充分利用了混凝土的可塑性。

(a) (b) (c) (d)

图 8-59 研究院外观

澳大利亚国立大学赫德利·布尔中心（Hedley Bull Centre）立面只使用预制混凝土构件与玻璃幕墙。该项目设计师只使用两种呈左右镜像关系的多边形预制构件，就组成了这套立面。预制混凝土构件的外形类似横向的L形，相互镜像的两种构件左右、上下相拼，即可形成中间高、两端窄的水平窗洞，而且在构件对位排布的情况下，窗洞是呈错动关系的。预制构件的标准性很高，因顶层的构件与其他位置的构件不同，因此总共使用两组左右镜像的构件，共四种构件（图8-60、图8-61）。

图8-60 建筑外观

图8-61 多边形构件吊装

赫尔辛基Saterintinne住宅，使用大量预制混凝土构件，阳台和立面都是预制的。在建筑靠近街角的转角处，建筑师还设计一个由框架和预制板围成的空间。这个框架与建筑立面的划分是相关的，延续了立面表皮的部分形式。

该项目中的多边形混凝土构件出现在没有阳台的立面上，这些构件形状如俄罗斯方块一般，建筑师精心设计了构件形状，使两种呈镜像关系的构件在组合后能够围合整个立面并留出错位的窗洞口。这个5层高的住宅在2～4层都能够使用相同的构件，只有底层与顶层会有特殊的构件来形成完整的立面边界。

除了构件本身复杂的形状，建筑师在构件之间交接的位置还设计了一段浅凹槽，将构件的接缝在视觉观感上放大。这种做法避免了整片白色立面仅有接缝装饰的单调效果，给立面增加了一个层次，形成更复杂多样的拼贴效果。在立面上不需要开窗的位置则使用带横向格栅的板块填充，部分还使用了红色点缀（图8-62）。

该项目与上一实例都是单元型的空间使用多边形构件拼贴形成丰富立面效果的案例，这种多边形构件设计策略能够在保证标准性的前提下获得极佳的效果。在设计过程中，该策略需要着重考虑构件形状在拼接时的咬合关系，并充分利用镜像、旋转等手法来增加组合。

图 8-62　Saterintinne 住宅局部立面

综合上述对设计策略的讨论，不难发现预制装配式外墙形成特定的立面表现，往往不只是一种策略作用的结果，而是需要构件个体性质的协调与构件组合变化的同时使用。因而，在设计实践中，设计师需要根据特定的设计意图平衡使用各设计策略，形成标准化而不失变化的立面表现。

8.5　设计实践与反思

在学校建筑中，每个教室单元是一个标准模数的尺寸，为标准化的立面创造了基本条件。教室单元的标准模块是学校建筑中的基本模块，单个功能的模块面宽可以控制在 9m，进深 10m，层高 3.9m。教学辅助部分、管理办公部分、生活后勤部分则可以 1/2、1/3、2/3 标准模块组合满足使用要求。内部功能的标准模数设计，是预制外墙板模数重复利用的基础，模数化的设计为预制建筑设计的必要条件。

基于这一点，本研究尝试将装配式外墙引入学校设计中，以济南市某小学建设项目为例，探索以普通教室为基本标准模块的教学楼的多样性装配式外墙设计。

8.5.1　工程概况

济南市某小学建设项目建设场地北侧为住宅项目，南侧为已建成住宅区，西侧为住宅项目，项目规划建设用地面积为 19600m^2。本项目按照 30 班小学规模考虑，每班 45 人，在校生约 1350 人，教师数量约 100 人。校园东北侧为学校运动区，内设 200m 运动场一个，其余部分布置排球及乒乓球等运动场地。学校主要建筑位于西南侧地块，总建筑面积为 10900m^2。

8.5.2　初期非装配式设计方案

教学楼及综合楼立面采用米黄色面砖，营造温暖亲近的基调，同时结合窗洞下部的窗下墙局部做彩色的色块，突出活跃气氛。教学楼与综合楼通过架空连廊相连接，形成虚实对比，并产生丰富变化，创造了简洁大方、尺度宜人、富于时代特征的建筑形象（图 8-63、图 8-64）

图 8-63　学校初期方案鸟瞰

图 8-64　学校初期方案外观

8.5.3　装配式方案优化

本研究预期通过对平面单元标准性较高的教学楼部分，采用 SCOPE 体系，实现装配式建设。SCOPE 体系是一种优良的预制预应力混凝土建筑结构体系，它在一般工业与民用建筑以及农村住宅建筑中有广泛的适应性。在施工建造时，不需要特别的大型建筑机械和安装设备。SCOPE 体系采用预制 PC 梁、叠合板及预制 RC 柱等构件，通过楼板面层及梁柱节点的现浇混凝土构成装配整体式 PC 结构。它使通常需大量现浇混凝土的现场施工建造过程变成工厂化构件的生产和组装过程，不仅大大加快房屋施工速度，也大大减小现浇混凝土量和施工现场建筑材料的堆放面积，提高工地文明施工程度及经济效益。

需指出的是，在本研究中对两栋教学楼中间的连接体，因其中存在功能布局的差异以及卫生间、楼梯间的植入，其立面单元与普通教室不同，因而对其装配式立面处理暂不做探讨。这里仅对以普通教室为基本标准模块的教学楼部分进行预制混凝土板立面表现方面的探索，通过可控的构件种类以及构件的不同组合，探索丰富多样的立面效果。

1）平面优化

内部功能的标准模数设计是预制外墙板模数重复利用的基础，首先进行建筑功能布局和平面单元的调整。将原方案南北两侧两栋教学楼朝向、形体进行微调，形成完全相同的两栋建筑。教学楼平面由原来的 3000mm＋6000mm 的小柱跨形成的教室单元统一调整为 9000mm 宽大柱跨单元，提高教室单元的平面标准性，进而提高立面单元的标准化程度，利于减少立面预制构件的种类。加之建筑层高 3900mm，进而形成 3900mm×9000mm 的立面单元。

2）窗洞拼贴方案

在模数划分上将教室面宽 9000mm 的建造模数三等分，立面预制构件的尺寸为 3000mm×3900mm。在立面板上进一步划分三等分的水平表现模数 1000mm，垂直方向则划分为 4 个 900mm 与 1 个 300mm 模数，以确保第一个垂直模数划分位于窗台高度。在 300mm×300mm 的表现模数网格上，使不同尺寸的窗洞拼贴成为造型的基本元素，重复形成立面效果。该思路中的空调机位采用外挂的形式，用穿孔铝板包裹空调外机。

再进一步推敲造型，为改善窗洞位于立面板边缘的问题，保证立面板的强度，可将窗洞均设置于立面板边缘 300mm 以内。同时将突兀的出挑空调机位改为内置式。每个立面单元内的立面板尺寸划分为 2 个 3600mm×3900mm 的带窗立面板与 1800mm×3900mm 的空调格栅立面板。

3）立面凹凸方案

方案不停留于单纯设计平面上的开洞方式，进而考虑立面板的立体效果。将立面板划分为 2 块 3300mm 带窗立面板与 1 块 1800mm 空调格栅立面板，以及 1 块 600mm 的小板。带窗立面板凸起 300mm。利用 600mm 小板的灵活布置产生错位效果（图 8-65、图 8-66）。

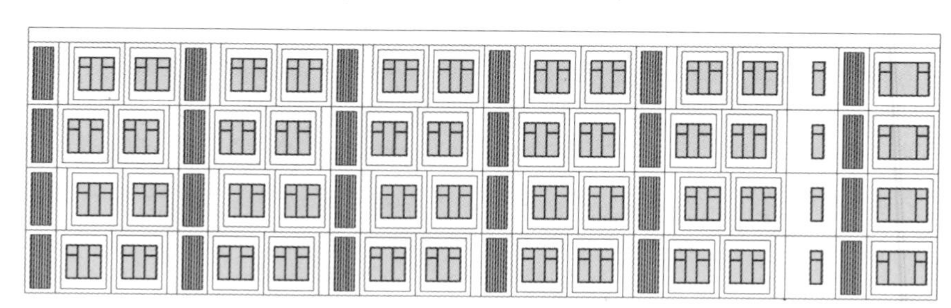

图 8-65　立面划分示意图（1）

图 8-66　透视效果（1）

为了放大方案的立面凹凸效果，可将一个单元内的一个带窗构件改为内凹的形式，形成一凸一凹的变化，但构造较为复杂，实现难度较大。还可对凸出的盒子进行垂直错位，尝试垂直方向的错位效果，将每跨的2块带窗立面板分为两种，窗洞位置在垂直方向上平移产生错位效果（图8-67、图8-68）。

图8-67　立面划分示意图（2）

图8-68　透视效果（2）

4）窗与板分离方案

将立面板作为窗间墙，而窗采用落地窗。立面板厚度为700mm，上端或下端做斜切面设计，产生简洁硬朗的体积感。立面板有900mm和1200mm两种宽度，窗有1800mm和2700mm两种宽度，两种窗和墙板相间布置、局部采用两个立面板拼接形成加宽的窗间墙，排布后产生上下层立面板错位的效果。该方案体块雕塑感较强，构件复杂程度低（图8-69、图8-70）。

图8-69　立面划分示意图（3）

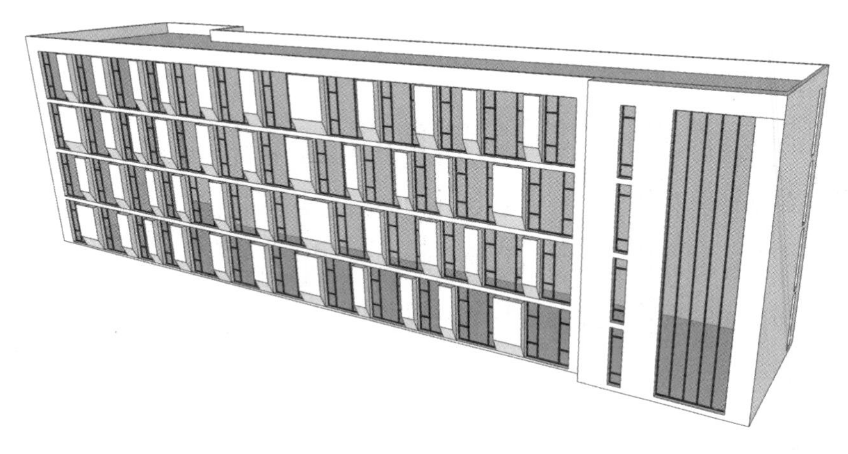

图 8-70 透视效果（3）

5）框体方案

由于采用内藏式空调机位的带有空调机位的构件较为复杂，三面均有墙体，且与下方楼板、上方梁底交接，会存在难以避免的冷桥。复杂构件对模具要求较高，甚至可能无法脱模。因此考虑将空调机位改为外挂，探讨如何实现立面板与空调机位的整合问题。此外，经过与预制厂商的沟通，新的立面板构造由外挂于梁外侧的固定方式改为三层夹芯板中的结构层内嵌于结构框架中的固定方式，其保温层与面层依然位于梁外侧。构造的变化导致立面板的排布受到更大的限制，由于立面板结构固定于框架内，因此一块立面板将不能跨越梁或柱，被限制在框架网格内部。

（1）方形框体

首先考虑将空调机位与立面板整合为一体，采用大尺寸构件的设计方法。该方案使用凸出的框体作为外立面造型元素，框内安装穿孔板放置空调外机，框体厚度为 300mm，进深为 700mm。

根据基本表现模数的不同可以尝试两种构件设计：一种基本水平模数为 600mm，垂直模数为 3900mm，构件高度尺寸一致，宽度尺寸有 1200mm、1800mm、2400mm 和 4200mm 四种，其中 1200mm 构件不带凸出框体；另一种基本水平模数为 1500mm，垂直模数为层高 3900mm，宽度尺寸有 4500mm、3000mm 和 1500mm 三种，其中 1500mm 构件不带有凸出框体。对比两种设计效果，立面丰富程度类似，而第一种构件种类比后者多一种，因此选择后一种设计。在 9000mm 的标准柱跨上，可以使用 3000mm＋3000mm＋3000mm、3000mm＋1500mm＋3000mm＋1500mm、4500mm＋3000mm＋1500mm、4500mm＋4500mm 四种组合，而考虑排列顺序后，将形成更多的单元组合。

由于教学楼柱跨基本以 3000mm 为模数，需要空调的功能房间均能使用 4500mm 或 3000mm 的立面板，对不需要空调的位置，则可使用 1500mm 的立面板（图 8-71、图 8-72）。

图 8-71 立面划分示意图（4）

图 8-72 透视效果（4）

（2）U 形框体方案

调整框体的设计，将框体四边围合改为三边围合，形成斗状，带空调机位的构件去掉上边，不带空调机位的构件去掉下边。这个改变主要是考虑到 700mm 进深的框体，有可能减弱教室采光。因此新的设计强调功能性，对需要安装空调机位的构件保留下边，只有局部少量不需要空调机位的构件保留上边。同时，为减小单个构件质量，框体的厚度减小为 200mm，同时不带空调机位的框体进深减小为 600mm，尽可能减小对采光的影响。根据功能化的分化遵循合理的逻辑思路，使构件种类增加至四种。

简化后的框体视觉上更为轻盈，但由于厚度的减小，缺少一边的 U 形框体，立面效果稍显生硬，所以尝试将框体的两面侧板上做斜角，4500mm 构件和 3000mm 带有空调机位的构件侧板斜切去上面部分，3000mm 不带空调机位的则斜切去下面部分。在斜切操作下，立面的侧视效果变得异常丰富，而构件种类依然为四种。

在立面构件的排布过程中，不仅需要考虑排布的视觉效果，而且需要考虑构件功能的最大发挥。由于每个教室前后各需要1台空调，因此带空调机位的构件位置应根据教室划分做出合理布置。4500mm构件可放置2台空调外机，3000mm构件可放置1台空调外机，相邻教室共用1个4500mm构件，保证每个教室都有2个空调机位（图8-73、图8-74）。

图8-73　立面划分示意图（5）

图8-74　透视效果（5）

（3）U形框体优化方案

因甲方对工程造价有限制，因而考虑对设计进行简化，提高构件标准性，减小造价。进而考虑放弃夹芯板的方式，改为涂刷保温涂料，减小构件复杂程度，立面板安装方式改为外挂于梁外侧。同时，从提高构件的标准性、减小预制造价角度出发，在前版方案的基础上进行简化，将立面板的种类减少至两种：宽度均为4500mm，每个立面板包含1个1500mm板和1个3000mm板。两种立面板，一种带空调机位，另一种不带空调机位，两种立面板各1块组成1个9000mm教室柱跨的外立面，每个教室只配置1台空调，形成丰富而不失规整的立面效果（图8-75、图8-76）。

图 8-75 立面划分示意图（6）

图 8-76 透视效果（6）

为了弥补新立面方案丰富性的不足，还可借助颜色变化，每种立面板都使用两种涂色方案，在排列时不同涂色的立面板间隔放置，形成间隔的色彩图案。采用不同涂色的方法使略显单调的两种构件排列效果变得更为丰富，并且在成本方面有巨大优势。

（4）多面方框方案

立面构件的排布，同层内不同的单元立面内三个构件排布次序相同，上下层间同个立面单元内三个构件的排布呈镜像关系，形成上下层间的立面错动，形成丰富的光影效果。在考虑排布的视觉效果的同时，还要考虑构件功能的最大发挥，构件位置应根据教室划分做出合理布置。同一单元内，考虑每个教室前后各需要 1 台空调，因此带空调机位的构件 A 和构件 C 置于立面单元的两端，将不带空调机位的构件 B 置于立面单元的中间（图 8-77、图 8-78）。

该方案节约了模具制作成本，提高了利用率，同时，构件设计功能与形式统一原则下形成的上下层间的错动关系，又丰富了立面形式，避免了单调。此外，可利用颜色的区分，产生变化，选取部分构件刷上红、黄、蓝三原色，活泼建筑立面的涂料，给教学楼营造一个活泼的氛围。

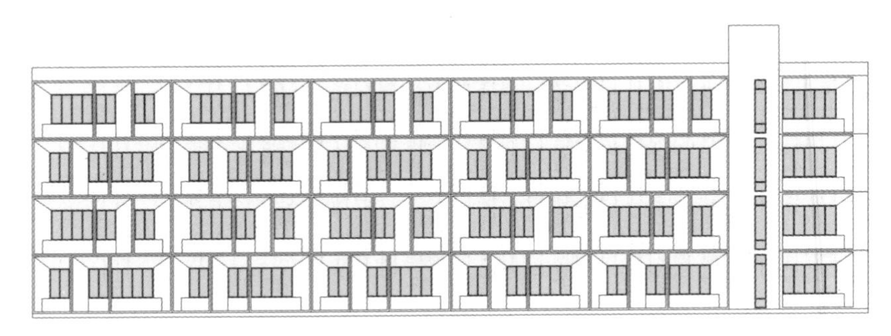

图 8-77　立面划分示意图（7）

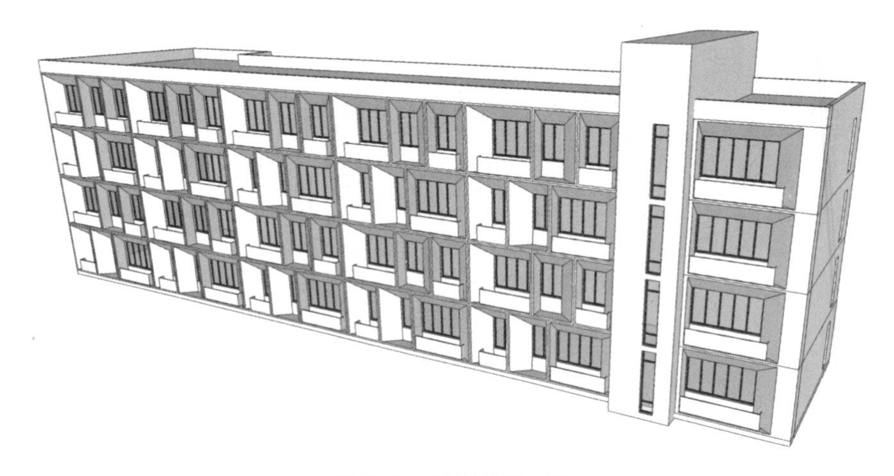

图 8-78　透视效果（7）

学校建筑使用装配式预制混凝土外墙板构件，既有优势又有劣势。其优势是单元化的空间适合使用标准化的构件；其劣势是过度统一的单元化空间限制了立面变化的自由度。在济南市某小学建设项目的方案设计中，本研究尝试了模具、排列、色彩等多种策略，利用混凝土的可塑性，着重推敲框体的形式及功能，探索不同标准性程度下的多个方案，反映了标准性与多样性之间的关系。

8.6　结语

本研究以建筑体型和立面设计作为研究的出发点，结合建构构图原理，探讨预制装配式建筑设计过程中的立面标准性与多样性，以及成本与外墙表现力之间的平衡问题，从模块的单体性质及模块间的组合两个层面探讨建筑师在建筑工业化道路上如何避免预制装配式建筑的形式单调，充分结合艺术审美，发挥出预制装配式外墙特别是混凝土外墙板潜在的巨大表现力。最后以济南市某小学建设项目的方案设计为例，探索预制外墙在公共建筑中的应用前景与现实意义。

参考文献

［1］ 朱国阳．预制混凝土建筑外墙设计初探［D］．南京：南京工业大学，2016.

［2］ 魏江洋．浅析预制装配式混凝土（PC）技术在民用建筑中的应用与发展［D］．南京：南京大学，2016.

［3］ 汤雁南．预制装配式外墙建筑表现形式研究［D］．沈阳：沈阳建筑大学，2013.

［4］ 裴予．中小型装配式建筑体系比较研究［D］．吉林：吉林建筑大学，2017.

［5］ 郭德坤．装配式建筑的方案及造价分析［D］．郑州：郑州大学，2017.

［6］ 叶浩文，周冲．装配式建筑的设计-加工-装配一体化技术［J］．施工技术，2017，46（09）：17-19.

［7］ 潘金炎，王立，刘亚辉，等．装配式设计和建造方式在学校公寓楼中的应用［J］．施工技术，2018，47（S1）：1606-1610.

［8］ 华乃斯，张宇．适应新时代需求的中小学教学空间模块设计研究［J］．建筑与文化，2018（10）：60-62.